乔布斯给青少年的人生忠告

赵　强◎编著

中国纺织出版社

内 容 提 要

本书全面而细致地介绍了乔布斯从青少年到苹果公司首席执行官的整个经历，向青少年展现出乔布斯不同凡响的一面及其传奇的创业经历和独到的创业秘诀，充分展示了他的精神世界和无与伦比的才能。字字发自肺腑，句句含义深刻，从而成就读者一场激动人心的体验之旅。从这一点上来说，本书堪称是年轻人的良师益友、创业者的行动指南。

图书在版编目（CIP）数据

乔布斯给青少年的人生忠告 / 赵强编著. --北京：中国纺织出版社，2014. 7（2023.6重印）
ISBN 978-7-5180-0607-6

Ⅰ.①乔… Ⅱ.①赵… Ⅲ.①成功心理—青少年读物 Ⅳ. ①B848. 4-49

中国版本图书馆CIP数据核字（2014）第077938号

策划编辑：郝珊珊　　特约编辑：蒋向利　　责任印制：储志伟

中国纺织出版社出版发行
地址：北京市朝阳区百子湾东里A407号楼　邮政编码：100124
销售电话：010—87155894　传真：010—87155801
http：//www.c-textilep.com
E-mail：faxing@c-textilep.com
官方微博http：//weibo.com/2119887771
永清县晔盛亚胶印有限公司印刷　各地新华书店经销
2014年7月第1版　2023年6月第3次印刷
开本：710×1000　1/16　印张：14
字数：121千字　定价：78.00元

前言

出生时因遗弃而被养父母收留，性格孤僻，在车库里与朋友成立个人电脑公司，在事业的巅峰时期却被封杀，在56岁因胰腺癌去世。

没错，他就是史蒂夫·乔布斯，一个和“苹果”紧紧相连的名字。是他在浓缩的生命中改变了亿万人的消费理念，让昂贵的电子产品不再被束之高阁，而是渗透每个现代人的日常生活中。

20世纪80年代以后出生的人们或许没有人对这个名字感到陌生，特别是当代的青少年，他们对苹果公司的电脑、手机等产品了如指掌。苹果公司的电子产品独具的人性化和简洁性设计，的确给用户的使用带来了极大的方便，但是青少年除了享受这种便捷，或许更应该关注乔布斯是怎么一步步由一个拥有满脑子创意和热情的年轻人，成为拥有改变世界的影响力的重要人物。

并不是每个人都具备乔布斯那样出色的头脑、优秀的合作者和良好的机遇，但是从乔布斯的人生历程中，我们却可以看到他生命中的关键词是如何发挥强大作用的。

创造。早在青少年时期，乔布斯就知道在课堂上几乎学不到自己需要的知识，为此说服父母为他转学。当他在浓厚的科技气氛中发现电脑的魔力时，他就开始致力于更好地改进电脑的软件和硬件系统。在这个过程中，他的创造力得到了极大满足。如果你拥有源源不绝的创造力，最好不要辜负它，要为它寻找更大的空间和挑战，并在这个过程中让自己的潜能得到最大发挥。

热爱。对电脑的狂热可以让乔布斯不吃不睡投身其中，这种近乎疯狂的行为正是基于他发自内心的热爱。热爱常常会让人忘记了劳累和伤痛，却不会浪费时间权衡利弊，它会让你不再计较付出和回报的比例，更加专注于自己的兴趣。

简约。乔布斯对于细节和简单的极致追求，让苹果的产品更像是艺术品。这种简约的风格不仅仅表现在产品中，也成为乔布斯做事的风格，他相信“越简单越丰富”。如果你也希望自己的作品或是生活更加有品质，或许应该学会精简，让自己远离浮夸和肤浅，展现出内在的丰富。

接受。乔布斯无论是在科研开发还是公司的人事变动中，都曾经遭受过重大挫折。他没有因此沮丧，而是坦然接受了现状，并且把自己的思维从桎梏中解放出来，作出了更好的成绩。如果你从骨子里崇拜乔布斯，就更不要忘了要时刻接受生活赋予的一切，在绝望和失败中寻找机遇，永远保持向上的姿态。

当然，关于乔布斯的关键词还有很多，你可以在接下来的各章节内容中发现你想要追寻的答案。都说“读书如读己”，阅读的过程不仅仅是收获知识资料的过程，更是发现自己的过程。如果你真的崇拜乔布斯，或是对乔布斯的成就感兴趣，那就仔细地在本书中寻找他成功的一些蛛丝马迹吧。相信通过阅读本书，你不但能对乔布斯了如指掌，而且还会发现自己内心真正想要的东西。

编著者

2014年5月

目录

[第一章]

创造力无价

[第二章]

做自己热爱的事情

[第三章]

要有睥睨天下的野心

[第四章]

必要时拿出男人的霸气

[第五章]

追求质朴的简约

[第六章]

奇迹在于细节之中

[第十章]

永远追求精彩绝伦

[第十一章]

为这个世界带来点有意义的事情

[第十二章]

解放你的思维

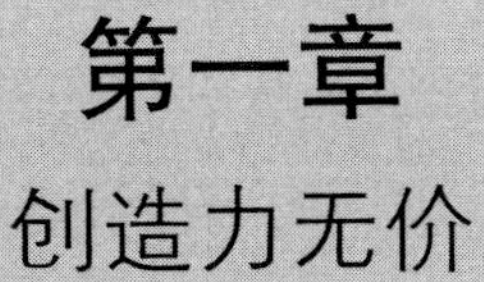

第一章

创造力无价

创新是理念，不是形式

“我们专注于制造与众不同的产品，但我们不会有这样的想法：让我们去参加研习班吧！让我们去学习5条创新法则吧！让我们想一些创意吧！让全公司都来遵守吧！为了创新而创新，就像没有个性的人非要装得有个性一般，让人看着感觉非常痛苦。”

如今的中国，已然成为“世界工厂”。我们在国外随便买一件东西，都有很大概率看到“Made in China”的字样，这令很多国人都感到无比自豪，“世界强国”的优越感油然而生。可是你知道下面这几组数据吗？

一只中国生产的鼠标，在美国市场的价格是24美元，其中品牌商能赚10美元，渠道商能赚8美元，而我国的制造厂商只能赚取0.3美元的利润。

我们生产出口一台DVD，售价32美元，要交给外国人的专利费是18美元，而制造成本为13美元，中国企业只能赚取1美元的血汗钱。

全球最有价值的100个品牌，每一个品牌的价值都超过10亿美元，而这100个品牌中却没有我们中国企业的身影。

一位浙江商人说：“出口一件小家电，赚不到10美元，而国外企业光凭专利使用费，一年就能坐收几百万美元。”

从上面这组数据中可以看到，我们没有自己的核心竞争力，也就无法树立自主品牌，这迫使我们的产品总是处于国际市场价值链的低端。即使制造能力不断地增强，我们还是无法取得高额利润。

没有自主创新，我们的企业只能充当别人的“产品组装车间”。许多产品的核心技术部件，我们能够制造得出，却创造不出，只能将一笔笔高额的专利费拱手送出，自己只获得少量的利润提成。这种形势必然影响中国企业的发展，甚至影响中国的壮大。

我们中国人想要改变这种局面，必须从小就有创新的意识。从个人层面来说，不管是哪个领域，想要成为一流人才，创造力都是必不可少的素质。培养创新能力的重要性不言而喻，但同时我们也要避免走入一个误区，那就是只把创新当成一个口号，流于形式。

曾有记者询问乔布斯：“你是否有想过成立创新中心之类的部门，系统化地激发创新？”

乔布斯说：“没有。我们专注于制造与众不同的产品，但我们不会有这样的想法：让我们去参加研习班吧！让我们去学习5条创新法则吧！让我们想一些创意吧！让全公司都来遵守吧！为了创新而创新，就像没有个性的人非要装得有个性一般，让人看着感觉非常痛苦。”

在创新上，乔布斯最反对为了创新而创新，他一直抨击只重视技术创新的做法。与热衷于技术创新的比尔·盖茨不同，乔布斯从不迷恋技术创新。

从2006年至2009年，苹果公司用于技术研发的费用只有46亿美元，而微软却达到了310亿美元。2009年，苹果公司在研发上的投入只有11亿美元，相当于微软投入的1/8。

苹果公司用于研发的经费向来很少，他们在开发新技术上花的精力远远不如微软。从技术创新的层面看，苹果几乎没有任何成就可言。但是，苹果公司的产品给人的感觉却是一直在引领潮流，总是以创新为卖点。

2007年，苹果公司被《商业周刊》评为“全球最具创新能力的公司”，超过了谷歌、微软等投入大笔资金进行技术创新的巨头。随后，苹果公司连续三年赢得“最具创新能力的公司”称号。

对此，乔布斯发表评论说：“在研发中花了多少钱并不是决定能否实现创新的关键。当年苹果推出麦金塔电脑的时候，IBM在研发上花费的资金至少是我们的100倍。所以这与资金投入无关，重要的是你的团队如何、你的决策者如何以及你自己有多大的能力。”

这就像一些城里孩子看到班里的那些从农村来的学生，虽然生活条件很一般，但他们学习成绩都非常好。于是这些家庭条件相对富裕的孩子故意穿上旧衣服，用便宜的文具，吃馒头就咸菜，以为这样就能成绩好。他们只看到了农村孩子成绩好的表象，却没看到他们刻苦认真学习的精神。同理，创新也是一种精神，是一种深入骨髓的理念，流于形式、只停留在口头上的创新，不会创造出什么有价值的东西。

戴尔电脑在技术和产品外观设计上都没有什么创新之举，但是他们曾经让苹果公司一败涂地，原因就在于他们在直销经营节省成本上有很高明的创新。后来，随着其他电脑制造商纷纷借助互联网进行直销，便使得戴尔面临更多的竞争对手，不复有之前的优势了。而此时，苹果公司已经转型为消费性电子产品企业，在商业模式和产品应用上不断创新。

苹果不是自己凭空创造，他们的应用创新就是找准市场上一种现有的技术或者产品，在设计和功能上加以改进，制造让顾客难忘的体验。这正是乔布斯擅长的创新之道，他热衷于相对廉价与实用的应用创新，而从未把技术当作公司唯一可长期延续的财富和优势。

乔布斯2004年对《商业周刊》杂志的记者说：

“我们没有专门的创新系统。这并不意味着我们公司没有科学的流程。苹果公司是一家纪律严明的公司，我们拥有了不起的生产流程，但生产流程本身并不重要。重要的是怎样合理利用流程，使得公司运作更加有效。

创新来自于那些有了新创意，或者找到问题解决之道，无论多晚都要给合作伙伴打电话的人；来自于那些对自己的想法充满自信，并且敢于在会议上据理力争，而又不断吸收他人想法的人。”

iPod、iPhone其实在技术上没有多大的突破，但是你们是否觉得这个小玩意身上到处都是创意？这就是“苹果教父”乔布斯送给你们的礼物：创新是一种理念、一种精神，不会受到任何外界客观条件的限制，只要你想创新，就可以。

作者手记

如果想要将来有所成就，就要从现在开始，把创新融进自己的血液里，将创新与当前的主要任务——学习紧密结合。

下面介绍几种创造性的学习方法：

1.要激发自己的丰富想象，提高创造力水平。

2.探源索隐。学习从事物的联系中思考，追索偶然发现的起因，在掌握知识的同时，探源索隐，追寻前人发现与发明定律、定理和公式的思路。从寻找事物的各种原因中，探索创新思维方式，激发自己提出解决问题的办法。

3.要善于比较，从比较中打开思路。不谋求唯一正确答案，要“逼迫”自己通过不同的思路达到同一目标。从比较中，发现新问题、新情况，发现老问题的不同解决办法，发现已知情况的新变化，使自己的创造欲在执著的追求中受到激发。

4.立体思考。要研究认识对象的所有方面、所有联系和“中介”。纵串横联，立体思考，从事物方方面面的联系上，去发现问题和发现与问题相关的各种关系，从而获得解决问题的方法。

不要被教条所限

“你的时间有限，不要被教条所限，不要活在别人的观念里。”

市场经济充满竞争，也充满机会。观念就是效益，思维就是出路。在这样的市场环境下，如果还是亦步亦趋地拘泥于旧有的思想，那将十分被动。我们应有“敢想别人所未想，敢做别人所未做”的创新思维，善于从市场中寻求空当，从信息中捕捉商机，从观察中启迪灵感，敢于以一种全新的视角去看待事物，而不是被教条所限，活在别人的观念里。乔布斯就是一个善于突破教条限制的领导者。

从小，乔布斯就生活在“硅谷”附近，他家周围的邻居很多都是惠普公司的职员。潜移默化之下，让乔布斯与电子科技结下了不解之缘。当时，一位在惠普公司工作的邻居推荐他去参加每星期二晚上在惠普公司餐厅中举行的“发现者俱乐部”。这是一个专门为年轻的工程师准备的聚会，在聚会中，乔布斯第一次见到了电脑，这是乔布斯对计算机最初的认识。

之后，乔布斯与他的同伴沃兹一起共同设计了一个性能良好的电子装置，并依靠这个装置赚了一大笔钱。 此时的乔布斯已经对电子产品产生了浓厚的兴趣。到了上大学的年纪，乔布斯几乎花掉他蓝领阶层父母的一生的积蓄，去选择了一个贵族学校。乔布斯的父母希望自己的孩子可以成才，所以他们舍得花钱。然而，最终的结局是乔布斯打起了退学的主意，并且开始去旁听自己喜欢的课程。

小时候那次卖电子产品的成功经历，给了乔布斯很大的刺激，直到上了大学他还在为这件事激动不已，并且开始梦想有一台属于自己的计算机。乔布斯在大学里的做法在父母与旁人看来，是不务正业的，然而，乔布斯不管这些，他要按照自己的方式去生活。这时，正好沃兹已经设计出了电路板。乔布斯于是有了新的决定，他要把这项技术发展成了一家电子企业。1976年，26岁的乔布斯和他年轻的同伴们成立了自己的公司，起了一个让后人都铭刻在心并为之疯狂的名字——“苹果”。

莎士比亚说：“好花盛开，就该尽先摘，莫待美景难再，否则一瞬间，它就要凋零萎谢，落在尘埃。”正因为乔布斯信奉他的人生信条——不要被教条所限、听从自己内心的声音、做自己想做的事，才会在每一个机缘面前完成他精彩的人生转折。

创新是成功人士最重要的品质，也是市场经济对现代人的基本要求。越来越多的人意识到创新的重要性，特别是一些企业家，他们懂得开发新产品一定要突破思维定式，打破经验主义和教条主义的束缚。现实生活中，很多人往往容易被一些习惯性的东西所困扰，而不能发挥出自己最大的潜能，其实，最根本的原因是被教条限制，把自己束缚在原有的框子里。

有家企业招聘营销员，它出的考题非常奇怪，要求应聘者把梳子卖给和尚。面对这样的考题，很多应聘者都认为那是不可能的，梳子千百年来一直是用来梳理头发的，历来与和尚无缘呀！于是许多应聘者纷纷知难而退。但是其中有一个很聪明的人，他去了一家香火非常旺盛的寺庙，捐了一笔善款后，要求拜见寺庙的主持。见到主持，这个人对他说：“宝刹的进香者可真多呀！”主持听了很高兴地一笑。这个人马上又说：“对这么多虔诚的进香者，宝刹应该有所回赠呀！”主持听了点头称是，但是问道：“回赠什么呢？”这个人诚恳地说：“您不妨买些价廉物美的梳子，上面印上宝刹的名字，赠给香客留念，鼓励他们多做善事的同时，还可以提高宝刹的知名度。梳子我可以提供给您，保证物美价廉。”住持听了，心中大喜，当即买下2000把梳子。

这位营销员之所以得以成功，关键在于他具有常人没有的创新性思维。他走出了“梳子是用来梳头的”思维定式，要把梳子卖给和尚，也不一定偏要理解成叫和尚本人去梳头。

很多时候，我们不能够成功就是因为我们因循守旧、故步自封。时代在变，环境在变，竞争对手在变，作为新时代的青少年，应该善于学习，冲破教条主义的限制，用一种创新的眼光来看待问题。我们要学乔布斯，始终都在与教条做抗争，始终都在与条条框框做抗争，用创新意识踢破一切枷锁，以创新的眼光来看待世界，看待每一件事情，并把它们运用到我们平常的工作与生活中去。

我们每个人的时间都是有限的，一味地盲从，一味地迷信教条主义，一味地活在别人的世界里，人生就不会有任何起色。因此，我们要打破现状，勇敢地站起来，以全新的观念来定义这个世界、定义身边的每件事情。最终，你会发现，人生原来这样美。

作者手记

创新作为一种最灵动的精神活动，最忌讳的就是教条。任何形式的清规戒律，都会束缚其手脚，使其无法大展所长，只有敢于打破常规、标新立异的人，才能真正有所作为。

不破不立

"拥抱不确定性。"

这个世界的一切都是守恒的，有新人诞生，就会有旧人逝去；有落红化为春泥，来年就会有嫩绿的草儿萌芽……创新也是如此，有新理念、新发明诞生，旧理念和旧产品就要遭到淘汰。旧的不去，新的不来，有时候大破才能大立。在创新的道路上，我们很容易被既有的规则和前人的经验所束缚，这时候我们应该有破而后立的勇气与决心。

乔布斯说，苹果公司强项之一就是把高科技转换成身边很普通的东西，给用户以完美的操作体验。而做到这一点，就需要不断打破对科技产品固有的刻板印象，要能建立一种新的思维方式来指导产品的创新。

1998年，苹果推出个人计算机iMac。iMac的出现震撼了整个IT界，它的外形有了全新的改变：半透明的塑料外壳，有蓝绿橙红紫五种颜色可供选择，机身是弧线造型等。iMac的全新问世正是乔布斯“破而后立”战略思想的体现，即不把苹果电脑公司当作一个纯粹的PC制造商，而是变成一个用高科技产品提供全新生活体验的供应商。现在乔布斯又打破了他自己定下的规则，把苹果重新定位成一家提供高端消费电子与服务的公司。

乔布斯擅长破坏性创造，他有这样的勇气和果断的做事风格。而苹果公司也在一次次破坏中激发出了新的创意，创造了新的奇迹。

艺术大师毕加索曾说过：“创造之前必须先破坏。”破坏什么？破坏传统观念和传统规则！

老师说的不一定是对的，家长说的不一定是对的，书本上说的也不一定是对的，不要把他们当成不容置疑的圣人、真理，只要你有新的想法，就大胆地去尝试，去质疑，去跟老师和家长辩论。理不辩不明，就算最终证明你的新想法是错误的，整个质疑的过程也会让你受益良多。所以不要有什么顾虑，大胆去想，大胆去做，不破不立。

2005年1月，苹果引入了iPod Shuffle，这是一个更具革命性的创新。乔布斯注意到iPod上面的"随机播放"功能非常受欢迎，它可以让使用者以随机顺序播放歌曲。这是因为人们喜欢遇到惊喜，而且也懒于对播放列表进行设置和改动。有一些用户甚至热衷于观察歌曲的选择是否是真正的随机。

这个功能引出了iPod Shuffle。当鲁宾斯坦和法德尔努力制造一款体积更小、价格更低的闪存播放器时，他们一直在尝试把屏幕的面积缩小。有一次，乔布斯提出了一个疯狂的建议：干脆把屏幕去掉吧。"什么？！"法德尔当时没有反应过来。"去掉屏幕。"乔布斯坚持。法德尔担心的是没有屏幕用户找歌曲会很麻烦，而乔布斯的观点是他们根本不需要找歌曲，歌曲可以随机播放。毕竟，所有的歌曲都是用户自己挑选的，他们只需要在碰到不想听的歌曲时按"下一首"跳过去。

iPod Shuffle的广告词是："拥抱不确定性。"

2007年1月，iPod的销售收入占到了苹果总收入的一半，同时也为苹果品牌增加了价值。

当有屏幕的音乐播放器几乎占据所有市场的时候，乔布斯却将这个规则完全打破，创造出了一款没有屏幕的iPod Shuffle。一开始也许会有消费者担心没有屏幕会很不方便，但是现在这款小巧精致的音乐播放器已经成为了很多人的最爱。iPod Shuffle是乔布斯敢于破坏性创造的又一经典案例。

想要在学习以及以后的工作中获得成功，就必须敢于标新立异、推陈出新。突破是创新的核心。创新不是对过去的简单重复和再现，它没有现成的经验可以借鉴，也没有现成的方法可以套用，它是在没有任何经验的情况下去努力地探索。

当面对学习和生活中一些比较简单的问题时，传统与规则确实能起到提高工作效率的作用，但是，在一些较为复杂的问题上，传统与规则不但不能使问题得到圆满的解决，还很容易让我们自设陷阱、自设障碍，从而误入死胡同，迷迷糊糊转不过弯来，以致常常做出一些糊涂事来。

作者手记

真正有智慧的人完全不会被传统与规则束缚手脚，一方面他会用惯性的思维方式去处理一些小的简单的问题；另一方面他还能随时、主动地突破传统、挑战规则，为创新思维创造一个可以自由伸展的空间。

想象力比知识更重要

“这种手机只能有四个按钮，一定要想出办法。”

如果说我们的创造力是埋在头脑中的一座宝藏，那么想象力就是帮助我们寻找这座宝藏的使者。

安东尼·罗宾斯说：“想象力能带领我们超越以往范围的把握和视野。”

爱因斯坦也说过：“想象力比知识更重要，因为知识是有限的，而想象力概括世界上的一切，推动着进步，并且是知识进化的源泉。”

想象力在创新的过程中起着必不可少的重要作用。因为有了想象力，人们根据飞鸟发明了飞机；牛顿从下落的苹果联想到了地球上的万有引力；瓦特从喷汽的壶盖想到了发明蒸汽机。

想象力如此重要，但我们大部分人一出生就不断地被扼杀想象力。我们会被不断地告诫什么事情不能做，“你不能飞”、“你跑不了那么快”、“铁不能漂浮在水面上”……很多孩子由于大人和老师的“告诫”，只能把一些天马行空的想法藏在脑中，不敢说出口，更别说去实现了。然而从古至今，凡是有成就的思想家、发明家或是作家，无不具有超凡的想象力，并且敢于付诸实现。实现的过程中他们会经常遭到那些平庸者的耻笑，但当他们创造出令人惊叹的作品后，人们才会发现原来他们的想法如此奇妙。

想要成为一名出色的创新人才，必须具备一流的想象力，并且敢于将它实现。

苹果公司能有今天的规模和成就，跟想象力密切相关。

所有苹果公司的产品，都是苹果员工用想象力创造出来的东西。乔布斯拥有无与伦比的想象力，在他的办公室里有一间专门用来冥想的小屋，当他冥想的时候，不允许任何人打扰。

由于乔布斯是苹果公司的首席执行官，在公司有无上的话语权，所以乔布斯可以把他那些天马行空的想法付诸实践，即使是再荒诞不经的想法，乔布斯也能将其贯穿始终。不仅如此，乔布斯还具有超强的煽动力和感染力，能让他的精英团队成员们衷心拥护他的想法，并竭尽全力去尝试。

当苹果决定开始研发iPhone手机时，对于一个在手机领域没有任何背景的公司来说，是一次几乎不可能成功的挑战。但是乔布斯还是坚持要进行研发，因为在他看来，所有手机都过于复杂，简直无法操作。

所以，乔布斯很早就定下一个标准，苹果开发的手机只能有home键，两个音键，一个开关机键。

在苹果公司每周一两次的总结会议上，研发工程师们一直在向乔布斯抱怨，一部手机只有这四个按钮是不可能的事情。如果你只有一个控制按钮，你就无法开机、关机、调节音量、无法转换、上网以及使用手机拥有的其他所有功能。

乔布斯对他们的抱怨完全不理，而只是不断地发号施令："这种手机只能有四个按钮，一定要想出办法。"对于手机到底该如何设计，乔布斯自己也没有什么想法。但是他把自己想象为一个消费者，在他的想象中，消费者就是想要那种手机。他不断驳回工程师的研发方案，要求他们必须想出解决方案。

最终的结果是：第一台iPhone手机只有一个home键，两个音键，一个开关机键。

iPhone只有一个操作按钮的想法只是乔布斯众多“冥想成果”中的冰山一角，他在很早以前就幻想以后每一个家庭都会拥有一台电脑，以后的电脑会像记事本一样薄，以后的电影可以用计算机来制作……这些在当时看来犹如科幻片般的想法，如果是从别人口中说出，人们肯定会认为他疯了。但这些想法来自于乔布斯，所以他得到了苹果团队最有力的支持，并且在其有生之年一一将这些“幻想”变为现实。

作者手记

有人曾说：“想象力是灵魂的工厂，人类所有的成就都是在这里铸造的。”想象力具有神奇的力量，它可以帮助你实现看似不可触摸的梦想。但是，我们对想象力又有很深的误解。一直以来，人们认为只有文学家、艺术家们才需要丰富的想象，却不知道其实我们每一个人都需要想象力。想象力是人在已有形象的基础上，在头脑中创造出新形象的能力，它是所有创造性的工作的源泉，是人类创新的源泉。

创新不是闭门造车

“并不是每个人都需要种植自己吃的粮食，也不是每个人都需要做自己穿的衣服，我们说着别人发明的语言，使用别人发明的数字。我们一直在使用别人的成就。使用已有的知识来进行发明创造是一件很了不起的事情。”

创新并不是将他人的想法和创意统统都抛到一边，自己坐在家里苦思冥想，闭门造车。一个人不管是在学习还是工作中，都要学会站在巨人的肩膀上，利用已经被证实的有效的经验和知识来为自己服务。这并不是偷懒，也不是可耻的事情，而恰恰是智慧的一种体现。

现在是一个价值创新的时代，利用现有的技术进行价值创新是一项核心竞争力。我们不需要把全部的精力都投入到一些基础创意和技术的开发中，因为也许已经有人先行一步了。

我们要懂得以优秀者为师，向他人学习，利用已有的知识与经验来进行创新。

20世纪80年代是一个在计算机技术上百家争霸的年代，苹果公司一直领先于其他公司。但是在乔布斯重新回到首席执行官位置上时，苹果公司着实是个“烂摊子”，股价暴跌，技术上也不再领先。他判断技术驱动的时代也不会再到来。在这种情况下，乔布斯提出了“站在别人的肩膀上进行价值创新”的思想。

这一观点在如今这个信息瞬息万变的社会中是完全站得住脚的。就像乔布斯说的那样，不是每一个人都要吃自己亲手种的粮食，不是每一个人都要穿自己亲手缝制的衣物。每个人所擅长的领域不同，只有合理地分配和层层地借鉴才能生产出更好的产品。于是乔布斯开始通过各种渠道吸收其他企业优良的技术，并且在此基础上做出更大的优化和创新。

牛顿曾经说过一句话："如果说我比别人看得更远些，那是因为我站在了巨人的肩膀上。"对于乔布斯来说，那次"站在亚马逊肩上"的经历就让人印象格外深刻。

iPad的横空出世，让苹果又一次成为人们争相追捧的焦点。在产品发布会上，乔布斯说iPad之所以如此吸引人，是因为这个产品是建立在乔布斯右脑思维的基础之上研发的，是人文技术与科学技术的交叉。

不过关于这款产品，人们争论的另一个焦点是，苹果利用了亚马逊的阅读器技术。

亚马逊一直是阅读器方面的领先者。对于大家的议论，乔布斯非常坦然，他说："我们是站在他们的肩膀上，推出了自己的新应用：iBooks。"

乔布斯从来不认为合理利用别人的技术是可耻的事，不仅如此，乔布斯还经常带着员工去参观博物馆，从而引发员工更多的创新思想；他还曾带着麦金塔电脑小组参观新艺术派设计大师路易斯·康福特·蒂凡尼的作品展，来完善自己的界面设计。

实际上，"借鉴"并不是件容易的事，因为你首先要学习并理解这种精神，并且把这种精神转变为自己的伟大的创意和产品。

科学家通过长期的研究和实验，发现人精确的记忆力、敏锐的理解力和活跃的想象力等一切反映智慧的能力，是由在脑神经元之间传递信息的能力所决定的，而信息传递所依赖的要素之一，是一种特殊的核糖核酸。这种物质，主要是在后天智力发育过程中不断激发而合成的。这就是靠学习、靠训练、靠实践、靠思考，一句话就是靠知识的积累与扩展。不断的新知促使脑细胞长出新突触，就像计算机的逻辑电路一样，每增加一条线路，就成倍地增长“思路”，进而使大脑里的信息大量“增殖”，从而达到创新的目的。

作者手记

仅有创新的决心和热情是不够的，知识面的大小也能决定创新潜能的大小。正所谓“见多”才能“识广”，一个人知识越丰富，他的联想才会更丰富，知识之间的组合也就越丰富，创新能力才会更强。同时，当旧有的知识不能处理当前问题的时候，又会促使他去学习新的知识，这样，在不断的积累和创新中，就能够充分地释放一个人的学习潜能。

创造力的关键是跨界整合能力

“能否产生创意，取决于你能否将不同的事物联系起来。如果你去问那些富有创意的人他们是如何办到的，那么，他们会觉得无法回答，因为他们并未有意识地去做这些事。他们想了想自己经历过的事，然后把它们联系在一起，并综合了一下，新的事物就创造出来了。他们能够不断创新，因为他们拥有比别人更丰富的经历，或者他们比别人更清楚地思考过自己的经历。”

为什么苹果公司的产品会这么受欢迎？为什么即使价格昂贵，你还是要去买iPhone、iPod和iPad？不同的人答案不同，有的会说是因为苹果的产品时尚，有的会说是因为苹果的产品有创意。不管多少人回答，有一条原因一定会得到大部分人的赞同，那就是苹果产品那种与生俱来的独特高贵气质。

在大多数人的印象中，搞技术研究的人大都比较邋遢，不拘小节，在清华大学的工科生中甚至流传着这样一句话：一个工科生牛不牛，看他形象邋遢不邋遢就可以了。既然如此，苹果公司一群搞计算机和其他电子产品的人，为什么生产出来的产品会有一股高贵典雅的气质？他们并不是艺术家！

这就要归功于“苹果教父”乔布斯了。乔布斯和他的苹果能够有现在的成就，一个关键词就是“创新”。创新需要有丰富的想象力，而乔布斯的想象力主要得益于他兼容并蓄的思想和跨界整合能力。

说乔布斯兼容并蓄一点儿也不为过。在乔布斯的大脑里，不仅有西方的专业知识，还有东方的哲学，正是东西方思想的碰撞与结合，才造就了苹果产品的与众不同。

乔布斯当年选的大学是一所崇尚自由思想的学校。大学期间，乔布斯选修了一个让人匪夷所思、看似毫无用处的专业——美术字专业。同时，在大学里，他还接触到了东方哲学，后来又专程去印度朝圣，成为虔诚的佛教徒。

这些，看似同用电脑改变世界一点都不搭边。我们一般都认为，一个电脑公司的首席执行官，最好是学电脑专业和MBA或EMBA出身的吧。

当我们看到苹果公司一个又一个惊艳的产品时，我们就会明白美术字专业的巨大魅力。完全可以说，乔布斯是用艺术家的眼光，来表达对设计的执着追求。他在设计一款产品的用户界面时说，他希望这个桌面“漂亮到你恨不得舔上两口的程度”。

那佛教知识又是如何对乔布斯和苹果发生作用的呢？在早年设计Apple II代电脑时，乔布斯执意要求降低电脑风扇的噪音，甚至取消风扇，这来自他冥想的习惯。现在我们常说，苹果产品在造型上很有“禅意”，就是禅在苹果中的运用。

乔布斯一直喜欢音乐，重回苹果公司之后，他意识到要把互联网和苹果电脑结合起来，怎样结合？音乐发挥了作用。他说，人们对音乐享受的需求将不断增大，于是，就有了iPod、iTunes。而后，他又用iPhone改写了手机概念，之后又是iPad。苹果公司从音乐这条小道暗度陈仓，远远赶超了对手。

跨界是一个神奇的词汇，IDEO公司的总经理汤姆·凯利曾总结说：跨界产生神奇的效力，拥有这一本领的人，就拥有不可思议的魔力。即便是那些看起来完全不相干的想法和概念，跨界者也能将它们进行巧妙的嫁接，创造出神奇的新东西。他们创新的源泉通常是：将某种新发明或新方法完美地移植到另一行业或另一领域，令其发挥作用，解决问题。比如，跨界者从钢琴键盘上汲取灵感，将其应用于早期的打字机，进而一步步优化，这才有了今天被广泛使用的电脑键盘。

乔布斯喜欢旅游，喜欢交朋友，尤其是那些在自己领域里有所成就的朋友——音乐家、文学家、动物学家、化学家、历史学家……他们从来都是乔布斯创意灵感的获取点。所以，乔布斯的头脑中有太多的联想，这让苹果公司在计算机设计的方方面面创新不断，包括电源线这样的细枝末节。

很多人可能会有这样的经历，在公司或者在家的时候，曾经被脚下的电源线绊倒过，又或者把桌上的电器绊下来。尤其是如果我们因为踩到电源线，而将自己的宝贝电脑从桌上扯下来，并重重地砸在地上，那么，电脑里的重要文件很可能就被损坏了，后果也是不堪设想的。为此，乔布斯巧妙地设计了“MagSafe”。它是一块连接笔记本和电源线的磁铁，通过这样的装置，乔布斯轻松地将电源线和电脑进行了分离。从此以后，以上所述的那些令人想了就不舒服的事再也不会发生了。这个创意是乔布斯从日本人生产的电饭煲上窃取的。日本人生产的电饭煲多年来一直采用磁铁门门锁的设计，就是为了防止人们绊倒电源线时，滚烫的电饭煲掉在地上。乔布斯就是这样把电饭煲和计算机这两个风马牛不相及的东西联想在了一起，然后创造了带有MagSafe的MacBook，并使之畅销于世。

乔布斯曾经说过："能否产生创意，取决于你能否将不同的事物联系起来。如果你去问那些富有创意的人他们是如何办到的，那么，他们会觉得无法回答，因为他们并未有意识地去做这些事。他们想了想自己经历过的事，然后把它们联系在一起，并综合了一下，新的事物就创造出来了。他们能够不断创新，因为他们拥有比别人更丰富的经历，或者他们比别人更清楚地思考过自己的经历。"

对人类经历的理解程度越高，创新的能力也会越高。不幸的是，在我们这个行业中，大多数人都缺乏这样丰富的经历。因此，他们没有可用于整合的资源，而只能提出一些现行的解决方案。

作者手记

创造力的关键就是跨界整合能力。比如，你正在写老师布置的一篇作文，想了半天都没有灵感，这时如果你听一会儿音乐或是画一会儿画，说不定灵感就会奔涌而来。不要把创造力固化、僵化，这是一种很空灵缥缈的能力和感觉，唯一可以固化和量化的就是你的阅历和知识，你的阅历和知识越丰富，头脑中产生的关联也就越多，新奇的创意也就越多。你很久以前在某本书上看到的一句话、在马路上看到的一个广告，都有可能成为你以后灵感的源泉。

不要丢掉好奇心

“为什么这个产品是圆的而不是方的？”

我们在呱呱坠地之时，脑海里是一片空白，周围的一切事物对我们来说都是新奇的。所以，孩童时代，我们对周围的一切，包括天文、地理、社会等都充满了疑问，总认为其中都包含了很多我们不知道的奥秘，好奇心往往驱使我们凡事都要问个究竟。

遗憾的是，孩童时代的好奇心在我们成长的过程中一点点地消退。老师、家长、社会为我们解释了无数个为什么的同时，无形之中也禁锢了我们的思维。没有了好奇心，也就意味着思维的枯竭，创新的潜能也在一点点地窒息。好奇心一旦泯灭，就很难再有驱动力去发现，对有可能孕育创新萌芽的事物也将视而不见的，也就很难形成创新。没有了好奇心，我们对时代环境的变化就会无动于衷、反应迟钝，也就很难在竞争中抢先一步、先声夺人。

因为我们都是这样慢慢变得“有经验”，所以我们大多数人的一生都碌碌无为。为什么乔布斯能屡屡让世人惊喜、能改变世界？因为好奇心。可以说，好奇心贯穿了乔布斯的一生。

在乔布斯只有10岁的时候，在好奇心的驱使下，他就经常拆卸一些电子产品。虽然拆卸这些电子产品时，可能会被电到或被伤到，但乔布斯依然兴致不减。这让他在很小的时候就弄懂了许多电子产品的工作原理。用乔布斯自己的话来说：“这些电子产品已不再神秘，它们都是人类创造力产生的结果，而不是一些不可思议的东西。”

长大后的乔布斯没有变得“很有经验”，依旧保持着当年的那份好奇心和求知欲。每当一件设计好的模型被送到乔布斯面前时，无论设计师怎样夸耀自己的成果，乔布斯总会像一个充满好奇心的孩子一样，对这件产品问无数个为什么。他会问“为什么这个产品是圆的而不是方的”、“为什么它不是蓝色的呢”、“为什么它会发光呢”、“为什么非要这样，换个方式可以吗”等。他问的问题在别人看来，很多都是常识性的问题。“为什么这样？”“因为大家都是这样做的啊！”

“拯救”自己的好奇心还来得及。首先，不管是在如今的生活中、学习中，还是在将来的工作中，我们都应该把“大家都是这样做的啊”类似的话完全从自己的世界中剔除掉，对于任何事情都要有自己的好奇、探索和见解；其次，还要明白一点，那些最具有创新性的发现，往往来源于对最普通、最司空见惯的现象的质疑。如果乔布斯没有提出：“为什么在笔记本电脑和智能手机之间，不能有一个中间类型的电子设备呢？我们来造一个怎么样？”那么，风靡世界的iPad也许根本不会诞生。

乔布斯年纪轻轻就功成名就，成了各大媒体争相采访的对象。《花花公子》就曾派记者大卫·谢夫前往硅谷对乔布斯进行专访。大卫·谢夫事后回忆说：“有一次，正好纽约市一个9岁的小孩举办一次生日宴会，有众多名流到场，乔布斯也出现在了那里。傍晚时分，我正四处闲逛，发现乔布斯把那位小寿星带到一边，并送给他一件从加州带来的礼物：

一台Macintosh电脑。这引起了我的兴趣。只见他在教这个小寿星怎么用这台电脑的画图程序绘制草图。这时，有另外两位客人也来到房间里。第一位客人叫安迪·沃霍尔，是一位艺术家，他说：‘这是什么？看这个，基斯。哇，不可思议！’第二位叫基斯，是一位著名的涂鸦艺术家，他也凑了过来。沃霍尔和基斯要求操作一下Mac。当我打算离开时，沃霍尔刚坐下来尝试使用鼠标。‘我的天！我画了一个圈！’他惊叹道。”

“但更发人深省的事情发生在宴会之后。当其他人走后，乔布斯还在教这个小寿星使用Mac的一些细节功能。过了一会儿，我走过去问他，为什么跟这个小男孩在一起好像比跟那两位著名艺术家在一起更高兴。他说：‘老人坐下来问，这是什么？但是这个男孩问，我能用它做什么？’”

两位著名的艺术家比不上一个9岁的小男孩，因为小男孩身上所具有的好奇心和求知欲是“老人”所缺乏的，这是最吸引乔布斯的东西。所以，乔布斯常对人说：“永远要像新生儿面对这个世界一样，永远充满好奇、求知欲、赞叹。”

我们可以回想一下自己的童年，那时的我们每天都会发现一些新奇的东西，然后会继续乐此不疲地去寻找答案，每天都很快乐。心理研究表明，当一个人对某些事物产生好奇时，他就会充满兴趣地去研究，他就会变得愉快，精神放松，使大脑高度兴奋，他的创造性就会得到高度发挥。

作者手记

好奇心会带给你精神上的满足感。判断是否满足的标准，并不仅仅取决于最后的结果，而在于过程本身。对未来的“男子汉”们来说，如今学习是最主要的任务。很多贪玩的人可能会觉得学习枯燥乏味，其实学习的过程本身就是一个不断发现的过程。要学会享受这个过程。你在不断地学习、探索之后，会发现原来周围司空见惯的事物中包含着如此多的奥秘，你的生活会洋溢着发现的快乐和愉悦，你的人生境界也在不断地升华。当很多意想不到的精彩呈现出来的时候，你会感到自己的人生是如此的充实、富足。

第二章

做自己热爱的事情

追随自己的心灵

“我当时非常的害怕，但是现在回头看看，那的确是我有生以来做出的最棒的决定之一。我终于可以不必去选读那些令我提不起丝毫兴趣的课程了，我还可以去旁听那些有意思的课程。”

每个人一生中会经历很多选择，一次重要的选择，不管是事业上的还是生活上的，都可能会改变人的一生。选择的困惑是每一个人在成长的道路上都要经历的。在这个困惑中，你只需弄明白一点，就是只有听从自己内心的人，才会在追求的过程中感觉到追逐的快乐。

从一定意义上来说，人都是爱慕虚荣的，不管自己幸福不幸福，常常为了让别人觉得很幸福就很满足。人往往忽视了自己内心真正想要的是什么，常常被外在的事情所左右。其实，别人的生活实际上与你无关，不论别人幸福与否都，将自己的幸福建立在与别人比较的基础之上，或者建立在了别人的眼光中，是不明智的做法。幸福不是别人说出来的，也不是别人怎么看，而是自己感受的。人活着不是为别人，更多的是为自己而活。

大部分学生现在面临的选择主要是继续上学还是参加工作，选择文科还是理科，选择什么专业、什么学校等。无论什么样的选择，都有可能影响一个人的一生，所以一定要慎重，听从自己的内心。如果你真的十分热爱文学、热爱历史，就果断地选择去学，不要管什么“学好数理化，走遍天下都不怕”；如果你真的热爱音乐、热爱美术，就努力钻研，争取将来考一所好的艺术院校，不要担心将来的就业之类的问题。总之，千万不要因为“人云亦云”、“跟风”而违背自己的心灵。

乔布斯曾说：“你的时间有限，所以不要为别人而活。不要被教条所限，不要活在别人的观念里。不要让别人的意见左右自己内心的声音。最重要的是，勇敢地去追随自己的心灵和直觉，只有自己的心灵和直觉才知道你自己的真实想法，其他一切都是次要。”

17岁那年，乔布斯考入里德大学，但在一个学期后，他退学了，因为他选择留在大学旁听自己感兴趣的课程。很明显，乔布斯选择的是自己所爱的课程，他不想被那些在别人看来必须上而不是自己喜欢的课程所缠绕，他所做的是听从自己的内心，跟随自己的兴趣向前。

据乔布斯自己回忆说：“我当时非常的害怕，但是现在回头看看，那的确是我有生以来做出的最棒的决定之一。我终于可以不必去选读那些令我提不起丝毫兴趣的课程了，我还可以去旁听那些有意思的课程。”尽管在退学后，乔布斯吃尽苦头，生活的压力也着实让他劳累不堪，但是能跟随自己的内心前进，这依然让他兴奋不已。

如果把追求外在的成功或者“过得比别人好”作为人生的终极目标，就会让人陷入物质欲望的圈套，时间长了就会变得麻木，忘了自己曾经的梦想，再也听不到自己内心的声音。

凡是倾听并服从自己内心声音指引的人，都会很幸福。在人生的选择中，一定要听从自己的声音。喜欢做什么，你就去做什么。不是别人喜欢，而是自己喜欢。不是大家都说好的就一定很好，在做决策的时候，不管外面的声音多强大，一定要选择听从自己内心的声音。

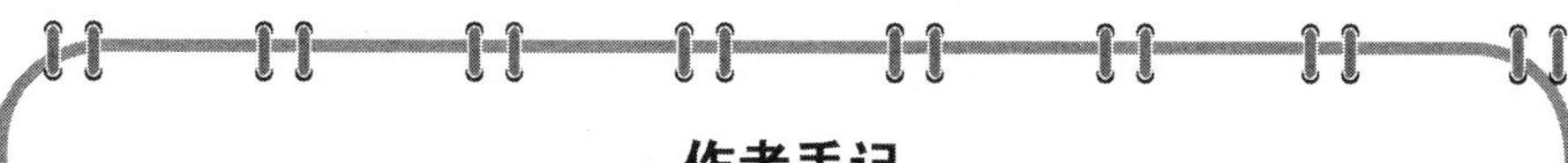

作者手记

有人曾经说过：如果一个人觉得自己适合做橘子，那就不要因为苹果的红艳而改做苹果。既然选择了做一只橘子，那就好好做一只橘子。

伟大的工作就是你所热爱的

“你的工作将占有你生活的很大一部分，真正让你感到满足的就是去做你认为伟大的工作。而伟大的工作就是你所热爱的。”

如今的社会，男人想要顶门立户，做一个受人敬佩的“男子汉”，压力确实很大，房子、车子、票子、孩子……这也给还未开始承担压力的青少年们以很多误导，很多人都已经把将来赚多少钱当作自己人生价值的体现，只要挣得足够多，就算是做自己不喜欢、不擅长的工作也愿意。如此定义自己的人生是偏颇而且不具备长远眼光的。我们将来工作的目的不仅仅是为了挣钱，在考虑经济利益的同时，我们还要考虑将来的发展，培养自己的综合素质，体现自身的价值。

在面临此类选择时，乔布斯的经历可以给我们一些启示。

在高中二年级结束的时候，14岁的乔布斯似乎不再那么喜爱电子产品了，转而喜欢上了游泳，因为乔布斯觉得运动员更能获得令人瞩目的成功。他花了大量时间去参加在芒廷维尤市海豚游泳俱乐部的游泳训练，并参加了水球训练。

但是，乔布斯在这方面的兴趣非常短暂，因为他发现自己并不适合在这方面发展，他说："我不是做运动员的料。"从此以后乔布斯决定不再用世俗的标准来定义成功，他要寻找到能激发他兴趣、能让他全身心投入的事情。最终，乔布斯还是投身于电子世界，去实现自己的梦想。

如果当时乔布斯为了追求所谓的成功，坚持去训练游泳，世界上只会多一个默默无名的游泳运动员，而少了一位可以改变世界的电子产品大师。

"有时候，生活会给你当头棒喝。别失去信仰！我深信我唯一的动力就是去做我所热爱的事情，你们也得找到自己热爱的事情。这是一条适合于工作和爱情的信条。你的工作将占有你生活的很大一部分，真正让你感到满足的就是去做你认为伟大的工作。而伟大的工作就是你所热爱的。"

这是乔布斯在某次演讲中的一段发言，在这方面乔布斯确实深有感触，因为他曾走过很多弯路。

乔布斯一直坚信技术的力量，认为最先进的技术一定能带来最多的利益。因此他在苹果的时候，一直致力于开发最先进的电脑技术。在掌控"丽莎计划"时，他要求将当时所有最先进的技术都融合到丽莎电脑上去。但是结果证明他错了，市场不认可这款技术先进的电脑，普通消费者没有那么样的高端技术需求，致使苹果连前期投入的费用都没能收回来。

创办NeXT后，技术第一的想法仍然在乔布斯脑中占据主导地位，他依旧认为用最优秀的软件配上最优秀的硬件，必能创造出最大的利益。然而，NeXT电脑的销量也很惨淡。收购皮克斯后，乔布斯以为，具有强大图像处理功能的Pixar Image Computer将在动画和电影制作方面畅销不衰，这种计算机会在未来几年引爆市场。但事实上，1987年只卖出了不到100台的Pixar Image Computer，到1989年时也仅仅卖出了200台。这与乔布斯的设想差距非常远。

当时，对于皮克斯的三个主要负责人卡特穆尔、阿尔韦和拉塞特来说也痛苦不堪。这三个人都是动画制作技术领域里的天才，掌握着当时最先进的动画技术，但是他们对推销一窍不通。虽然他们的电脑当时世界第一，但是却无法畅销出去，他们只想做动画电影，而不是像个纯商人那样谋求利润。所以，乔布斯让他们卖电脑，实在让他们疲于应付，正如后来乔布斯所说："他们像是在森林里失去方向感的孩童。"

吸取了教训的乔布斯终于认清了现实，他尽可能让他们去做他们擅长的事，并接受卡特穆尔和阿尔韦的建议，让他们制作一个动画短片作为示范，试图借此拉动Pixar Image Computer的销售。

事实证明，做自己最适合的事最容易获得成功。卡特穆尔等人立即制作了一部动画短片《顽皮的跳跳灯》，结果一炮打响，获得奥斯卡最佳动画短片奖提名，而后来的《锡铁小兵》更是一举夺得小金人。这些动画短片的成功，极大地带动了皮克斯动画软件的销售。

这些成功促使乔布斯在发展方向上作出了巨大调整。1989年，乔布斯裁掉了皮克斯的硬件工程师，关闭区域销售部门，并宣布不再担任皮克斯的首席技术官和董事会主席，而由卡特穆尔接任。

更大的成功还在后面：皮克斯与迪斯尼合作的《玩具总动员》引起了巨大的轰动。

如果不是因为乔布斯转变思路，让卡特穆尔和拉塞特等人去做自己最擅长的工作，而仍是强迫他们去卖Pixar Image Computer的话，我们现在也许看不到如此多的优秀动画电影。

对于有的人来说，你现在热爱的事情好像不能带来什么回报，你将来最想做的工作好像也不是最赚钱的，这些都不重要，重要的是你热爱的事情能激发你的创造力和生命力，也许在不远的将来它就能给你带来最丰厚的回报。而那些你以为最赚钱的事情，也许到最后会被证明是毫无价值的。

作者手记

一个人的精力和时间是很有限的，在这种情况下，如果选不准目标，到处乱闯，几年的时间会一晃而过。如果想取得突破性的进展，就该像学打靶一样，迅速瞄准目标；像激光一样，把精力聚于一束。一个人只要长期专注于某一事业，“咬定青山不放松”，他通常就能成为这方面的专家、成功者。

寻找你的热爱所在

“我当时没有看出来，但后来的事实证明，被苹果炒鱿鱼是我这一生所经历过的最棒的事情。”

有很多人曾这样问乔布斯：“我想开一家公司，我该做什么？”乔布斯没有正面回答，而是向他们提出了几个问题，第一个问题就是：“你所热爱的是什么？你开的公司想要做什么？”这些人大都笑道：“不知道。”乔布斯给他们的建议是：“先去找份工作让自己忙碌起来。直到你找到答案为止。你必须对你自己的想法充满热情，强烈感受到心甘情愿为它冒险的心情，如果你只想拥有一家小公司的话，那就算了吧。”

乔布斯给这些迷茫创业者的忠告，对于仍处于“象牙塔”中的小小男子汉们同样适用。不管你将来想做什么，都应先想清楚自己热爱什么。创业、攻读学位、写作、打球……不管是什么，只要比别人先想清楚，提前开始为了自己热爱的事业准备、奋斗，就能赢在起跑线上。

对于自己热爱什么，乔布斯有很深的理解。

在斯坦福大学的演讲中，乔布斯这样说道：“我很幸运，在年轻的时候就知道了自己喜爱什么。20岁时，我就和沃兹尼亚克在我父母的车库里开创了苹果计算机公司。我们勤奋努力地工作，只用了10年的时间，苹果计算机公司就从车库里的两个小伙子发展成为拥有4000名员工、价值达到20亿美元的企业。而在此前的一年，我们刚刚推出了我们最好的产品Macintosh电脑，当时我刚过而立之年。但是，紧接着我就被炒了鱿鱼。一个人怎么可以被他自己所创立的公司解雇呢？情况是这样的，随着苹果计算机公司的成长，我们聘请了一个原本以为很能干的家伙和我一起管理公司。在头一年左右，他干得还不错，我们也配合得很默契。但到了后来，我们在对公司未来前景的判断上出现了分歧，于是我们之间出现了矛盾。因为公司的董事会站在了他那一边，所以，在我30岁的时候，就被踢出了局。我一下失去了一直贯穿在我整个成年生活中的重心，这个打击是毁灭性的。”

“在开始的几个月里，我真的不知道要做些什么。我觉得我让企业界的前辈们失望透了，因为我丢掉了传到我手上的指挥棒。我遇到了戴维·帕卡德和鲍勃·诺伊斯，我向他们道歉，因为是我把事情搞砸了。我成了人人皆知的失败者，我甚至想到过逃离硅谷。但曙光又渐渐出现了，我发现我还是热爱我做过的事情。在苹果公司发生的一切丝毫没有改变我，一个比特（bit）都没有。虽然我被抛弃了，但我热爱的事业没有改变。我决定重新开始。”

“我当时没有看出来，但后来的事实证明，被苹果炒鱿鱼是我这一生所经历过的最棒的事情。我丢掉了成功的沉重包袱，感觉有如凤凰涅槃般轻盈。因为每件事情都不再那么确定，我以自由之躯进入了我整个生命当中最具创意的时期。”

“在接下来的5年里，我创办了一家叫做NeXT的公司，接着收购了一家名为Pixar（皮克斯）的公司，并且结识了一位名叫劳伦的曼妙女郎，她后来成为了我的妻子。皮克斯制作了世界上第一部全电脑动画电影《玩具总动员》，如今这家公司是世界上最成功的动画制作公司之一。后来苹果公司买下了NeXT，我又重新回到了苹果，我们在NeXT研发出的技术成为了推动苹果复兴的核心动力。我和劳伦也拥有了美满幸福的家庭。我非常肯定，如果当年没有被苹果公司炒掉，这一切都不会发生。对于病人来说，良药总是苦口的。生活有时就像一块砖头拍中你的脑袋，但不要丧失信心。”

乔布斯是幸福的，但这幸福是他努力追求来的，他毕生都在从事自己热爱的工作，他的职业生涯从来没有偏离轨道，即使被自己亲手创办的公司踢出家门的时候也是如此。

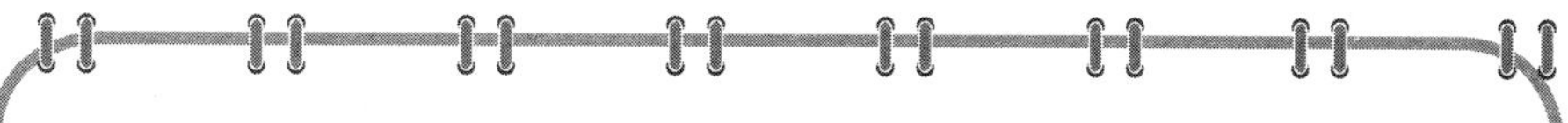

作者手记

如果你知道自己的热爱所在，并且决定将来为之奋斗，那么这份热爱就会变成一个凸透镜，把你所有的精力和努力都集中到一个点，这样的你离成为一个人人敬仰的“成功男人”还会远吗？正如乔布斯所说：

“热爱我所从事的工作，这是一直以来支持我不断前进的唯一理由。你得找出你的最爱，只有从事你认为具有非凡意义的工作，才能给你带来真正的满足感。

如果你到现在还没有找到这样一份工作，那就继续寻找。不要安于现状，当万事了然于心之时，你就会知道何时能找到。就像任何伟大的爱情一样，伟大的工作只会在岁月酝酿中越陈越香。因此，在你终有所获之前，不要停下你寻觅的脚步。”

不要被别人的评价绑架

“住在我周围的大人们大都研究的是很酷的东西，比如太阳能光伏电池和雷达，我对这些东西充满了惊奇，经常向他们问这问那。”

对于一个男人来说，最具魅力的品质就是有主见，敢于坚持自己的思想。这无形中就透出一股自信和霸气。这种珍贵品质需要从小培养。我们不妨自我审视一下，是否具备这股阳刚之气，是否总是唯唯诺诺，是否总是被别人的看法和舆论左右?

其实舆论是世界上最不值钱的商品，每个人都有一箩筐的看法，随时准备加之于人。不管别人怎么评价，都只是他们单方面的说法，有很多是没有经过认真思考的，事实上并不会对我们造成任何影响。说到评价，我们希望听到别人认真的评价，但不管别人怎么说，都不要太在意。

对于一切都尚未定型、一切都充满希望的青少年来说，你喜欢做什么，你在哪些方面有天赋，你天生是一个科学家还是一个画家，这些都不是由别人来评定的，它们源于你的内在本质，你的本质是什么，你就应该成为什么样的人。而这一切，都只能靠你自己的内心和直觉来发现。

你的生命只有一次，不能活在别人的生活里。

对于乔布斯来说，一板一眼地照搬别人的思想是最悲哀的事情。其实每个人都有属于他的天赋，都有自己不同的直觉和想法，但是像乔布斯一样敢于坚持和追逐的人却少之又少。

乔布斯是个从小就让兴趣发芽的人。10岁时，乔布斯对电子学方面的兴趣就明显表现出来了。在加利福尼亚州，新兴的电子公司雨后春笋般发展起来。每逢周末，一些惠普和其他电子公司的工程师就会在自家的车库做维修。一次，一个工程师送了他一个碳晶麦克风。搬到洛斯阿尔托斯市后，乔布斯觉得自己进了天堂：他随时都能在各处的箱子翻到一两只废弃不用的电子元件，拆开来看个究竟，玩上好几个小时。

乔布斯曾在回忆他在惠普公司生产线上打工时的情况时说："我还记得第一天在惠普公司的生产线上打工的情景，我对一位叫做克瑞斯的领班说，暑假能在惠普公司打工实在是让我欣喜万分，还告诉他在这个世界上令我最感兴趣的东西，就是电脑。"

后来乔布斯创建了苹果公司，创造了一系列卓越的电子产品，改变了世界。而这一切，除了得益于他对自己兴趣和梦想的坚持和追求，与他对自己和生活有清晰的认识也有很大关系。

你只需听从自己内心的声音，做好自己就足够了。自己的鞋子，只有自己才知道穿在脚上的感受。我们无论做什么，一定要对自己有一个清楚的认识，不要轻易地被别人的见解所左右，这才是认识自己和事物本质的关键所在。

万事开头难，如果你现在还不是一个有主见的小男子汉，那就先试着迈出第一步，从一些生活中很小的事做起。一幅物理电路图，老师和同学们都认为这种接法简单，你如果能够另辟蹊径，找到更好的接法，那就不要管他们的看法，做好后大声讲给他们听；一个十字路口，小伙伴们都认为直着走能更快到学校，你如果曾经发现从左边走更近，就不要管他们唧唧喳喳，昂首在前面带着他们走。一个男人的主见、自信和霸气，就是从这些小事中慢慢积累起来的。以敢于坚持己见著称的乔布斯小时候就是如此。

乔布斯小时候像大多数孩子一样，会受到身边大人们的影响。他后来回忆说：“住在我周围的大人们大都研究的是很酷的东西，比如太阳能光伏电池和雷达，我对这些东西充满了惊奇，经常向他们问这问那。”这些邻居中最重要的一个人，就是跟乔布斯家隔了7户人家的拉里·朗。他是当时乔布斯心中惠普工程师的标准形象：超级无线电爱好者、铁杆电子迷，他会经常带一些电子元件给乔布斯玩。乔布斯回忆说：“他把一个碳晶话筒、一块蓄电池和一个扬声器放在车道上。他让我对着话筒说话，声音就通过扬声器放大出来了。所以我马上跑回家，告诉父亲他错了。”当时乔布斯的父亲告诉过他，话筒一定要有电子放大器才能工作。

“不对，肯定需要放大器。没有放大器是不可能工作的。”保罗·乔布斯的口气很肯定。当小乔布斯提出异议时，保罗甚至说儿子疯了。乔布斯坚信自己看到的是真的，他不停地对父亲说不是那样的，并让他亲眼去看看，最终保罗跟小乔布斯一起走到邻居家，看到了。保罗很尴尬，说：“我还是赶紧走人吧。”

这件事在乔布斯的心中留下了很深的印象，因为这是他第一次意识到父亲不是万事通。然后，他发现了一件让他更加不安的事情：自己比父母还要聪明。乔布斯一直很仰慕父亲的智慧和才能，他说：“他没有受过良好的教育，但我以前一直认为他特别聪明。他不怎么看书，却会做很多事情。机械方面的东西他几乎样样精通。”但是这件事让乔布斯的想法开始动摇了，他意识到自己实际上比父母更聪明。

曾有文学家说过，假如你不理直气壮地坚持要求得到真正属于自己的东西，别人就不会帮助你。如果我们总是在花心思讨好别人，就会失去属于自己的灵感，得到的却是别人的不屑。社会就是这样现实，很多时候，你不敢袒露你的内心、你的想法，别人就会捆绑你的思维，让你再也没有机会说出内心的感觉。

一味听信于人，便会丧失自己，便会做任何事都患得患失，诚惶诚恐。这种人一辈子也成就不了大事。因为他们整天活在别人的阴影里，太在乎老师、家长的态度，太在乎同学们的议论，太在乎周围人对自己的看法。这样的人，怎么能够成长为一个顶天立地的男子汉呢？每个人都有自己的生活方式，不必为那一份没有得到的理解而遗憾叹惜。真正的成功者，都是懂得坚持自我的人。

作者手记

如果你要做坚持自我的人，那就应该是个品格独立的人，首先你就应该学会对自己负责。在生活中自己作决定，不依赖于主观、客观条件。我们可以从以下几方面能力的训练着手：

1.多进行独立的思考，有想法、有主见。

2.有足够的自信心，坚信自己可以做得很好。

3.提升自身的综合能力。因为，有实力才有发言权。

4.观察力。要善于见微知著，提挈全局，抓住要领。

5.分辨力。要分辨矛盾双方的强弱与均衡，使决断具备清晰的条理。

6.判断力。权衡利弊，在充分掌握全局的基础上，判断你的决定的效应。

重温自己的梦，找到人生的原点

“世界上最快乐的事，就是为理想而奋斗，最初的梦想是我们的无价之宝，也是我们今后人生前进的明灯。”

很多青少年在遭遇逆境的时候，常常会选择放弃，这主要是因为他们在这样的时刻，忘记了自己的梦想，缺乏了前进的动力。所以，在遇到挫折的时候，不妨重温一下自己的梦想，让自己回到人生的原点，相信这样会让自己重拾梦想，找回奋斗的决心。如此，我们才能战胜一切困难，成就自我。

事实上，乔布斯至少五次改变了这个世界：一是通过苹果电脑Apple I开启了个人电脑时代；二是通过皮克斯电脑公司改变了整个动漫产业；三是通过iPod改变了整个音乐产业；四是通过iPhone改变整个通讯产业；五是通过iPad重新定义了PC，改变了PC产业。而这些被人们所铭记的丰功伟绩，恰好印证了他所说的“人活着就是为了改造世界”这个梦想的实现。

乔布斯是一个私生子，早年被养父和养母收养。少年时代，他有缘结识了不少电子工程师，从而对物理产生了浓厚的兴趣。大学期间，乔布斯认识了一生中最重要的伙伴沃兹。两个人在求学期间联手研制成功了免费偷打长途电话的装置“蓝匣子”，并由乔布斯负责推销出去。这次合作，不仅让他们尝到了经济上的甜头，更促使二人结下了深厚的友谊。

1976年，年仅21岁的乔布斯和26岁的沃兹成立了一家电脑公司。这就是后来举世闻名的苹果公司。他们的事业，是从设计制造第一块电路板开始的，并因此积累了第一桶金。1980年，苹果公司在华尔街上市。一夜之间，乔布斯成为一名年轻的亿万富翁。之后，随着企业的壮大和发展，他成为美国时代周刊的封面人物。但他的人生并不是一帆风顺的。1985年，乔布斯离开苹果，创建了NEXT公司，并取得了很好的业绩。时隔11年后，乔布斯重新回到苹果，而此时的苹果公司已经是负债累累。 这一次他是带着坚定的信心来改变世界来的。

众所周知，电脑产业是一个工程量巨大的领域，在业界，兼容和共享一直是一面光辉的旗帜。但早年的苹果公司，经营理念竟然是独来独往。虽然苹果凭借独特的外观设计和无与伦比的创造性思维不断赢得认可，但最终仍然败走麦城。究其原因，不外乎在当今世界，电脑产业的主导权已经越来越多地被软件生产商所左右。而苹果，历史上其长处是硬件的生产与经营。尤其可怕的是，苹果公司长期拒绝与其他软件公司合作。这使其自绝于整个互联网产业之外，走下坡路就是必然的了。

这些困难对于乔布斯而言都只是挑战而不是障碍，重回苹果时，苹果公司离宣告破产仅剩90天。他迅速裁员3000人，并主导“与众不同（Think Different）”的倡议。乔布斯为这个活动想了广告语，他用了一句短语——“他们改变了世界”。Isaacson说，这句话是他用手写的，就像一个宣言。

“那些足够疯狂的人，只要他们想改变世界，那么他们就能改变世界。”乔布斯彻底地重新打造了7个行业，包括动画、个人电脑、音乐、媒体、手机及零售行业，也彻底改造了自己的生活。

其实在很小的时候，乔布斯就有了要改变世界的梦想，在人生的每一个节点，他都会拿出自己的这一梦想自我审视，然后信心百倍地投入到工作中去，这也是他能够创造苹果传奇的重要原因。

很多人说，想要成功，首先要有敢于成功的念头，并且要像溺水者想要求生那么强烈。失败者有失败的心态，成功者有成功的心态。不同的思想会影响到人的决心和行为。因此，每个渴望成功的人都要拥有绝对的信心。对于追求者而言，拥有了自信，便已成功了一半。人最大的敌人是自己，人在遇到挫折时最大的问题是缺乏自信。要想找回这种自信，就要重新走进自己的内心世界，看看自己最初的梦想是什么，从最初的梦想中寻找前进的力量，有了力量，成功才有了可能。

下面是一个年轻人的故事。这个年轻人出生在奥地利的一个小乡村，却漂洋过海来到美国，赢得了7届“奥林匹亚先生”的桂冠，成为世界知名的男演员，迎娶了肯尼迪家族的女人，当选了第38任加州州长。这就是一个美国梦的故事。没有梦想，以上任何一件事都不会发生。施瓦辛格曾多次提到，当他还是个10岁的孩童时，他的梦想就是到美国去，抓住这个国家能够给予他的一切机会。赢得“奥林匹亚先生”称号只是他的一个目标，一个实现梦想的跳板。

每一天，施瓦辛格透过一次次挑战极限的试举和一次次挫败，从他的心中注视着那遥远的梦想。他不断在内心安慰自己，他在美国已经取得了成功，接下来就不要过于在意了。施瓦辛格不清楚如何去实现自己的梦想，但他时时刻刻都在回到原点去审视自己的梦想，然后告诉自己一定要为实现自己的梦想而努力。

当你身边所有人都觉得你注定会失败时，心中的梦想就显得格外重要，它时刻鼓励你不要停下脚步。每个人都觉得施瓦辛格是个疯子——包括他的父母、朋友，还有之后好莱坞他在的经纪人。他们无法想象一个不会说英语、身高1.88米、仅凭着一个明星梦就来闯荡江湖的健身爱好者能在好莱坞当演员。可是有一个人不这样认为，大导演詹姆斯·卡梅隆很能理解这种怀揣激情、投身梦想的人，他指定施瓦辛格出演了电影《终结者》。施瓦辛格那浓重的口音在卡梅隆看来反而对这个角色很有帮助。他那句“我回来了”成为电影史上最著名的台词之一，恰恰是因为那浓重的奥地利口音正好是从一个机器人嘴里发出来的。“永远相信自己，相信自己的梦想，无论别人怎么想。”施瓦辛格这样说。他自己很清楚：身为一个影响力巨大的电影明星，后来又当上了加州州长，阿诺德已经成功地将他的梦想传递到世界每一个角落，每一个人的心中。

是什么给了施瓦辛格前进的动力，是最初的梦想。在人生的每一个受到阻碍的节点，他都不会忘记自己审视自己的梦想，从梦想中寻找可以让自己勇往直前的动力，所以最终他成功了。

在面临挫折而不知所措的时候，想想你最初的梦想吧，它会像兴奋剂一样让你兴奋。有时候，很多青少年真的会被一些外来的压力吓倒，对自己产生怀疑，以为自己的梦想不过是对生活不切实际的美丽幻想。其实，这是不必要的，因为自己的人生应由自己主宰。

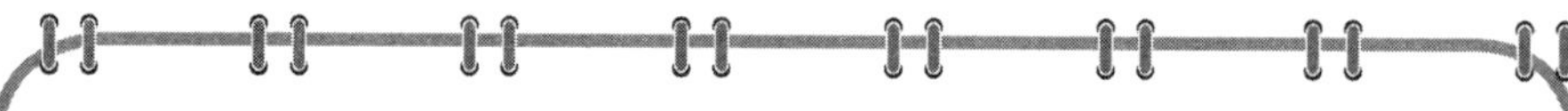

作者手记

梦想无论怎样模糊，总潜伏在我们心底。在遇到困境的时候，不妨拿出自己的梦想审视一下，它会给我们无穷无尽的力量。这种力量足可以让我们冲破困境，迎来希望。

第三章

要有睥睨天下的野心

欲望就是力量

“这个世界终将会被我们改变。”

如今很多人都不介意别人说自己“雄心勃勃”，却害怕被人指责为“野心勃勃”。生活中，许多极富潜力的人就是因为害怕被人说成是“野心家”而畏缩不前，不敢奋斗，不敢冒尖。其实很多人之所以不成功，就是因为缺少野心。任何事情要想做得出色，都是需要很强大的内心欲望的，没有“野心”的人，内心、动力不足，往往只会成为人群中的平庸角色。

在乔布斯准备创办NeXT公司时，佩罗无意中在电视里看到乔布斯畅谈NeXT的美妙前景，乔布斯的目标、理想和干劲一下子把他深深吸引住了。佩罗这样评价乔布斯：“乔布斯是我见到过的最不寻常的年轻人，在美国工业界还没有一个年轻人能比得上他，他们已经在写世界上最激动人心的诗篇，我是试图帮助他们完成一些句子……”

精神力量的魅力是非常巨大的，当你有了睥睨天下的野心，整个世界都会为你让路。很多人现在就像是一群想要在天空自由翱翔的雏鹰，想要征服天空，但是，首先要胸怀整片天空。如果你不仅想要搏击长空，还想成为天空中的霸主，那就更要将你的野心显露出来，这会提升你的领袖气质和煽动力，大大增加你的成功几率。

1977年，还很年轻的PPT的发明者坎贝尔在丹佛一家小软件公司当程序设计员，他为苹果电脑写了一个关于基础会计的软件。乔布斯很欣赏这个年轻的电脑高手，便打电话邀请他来加州见面。当时，乔布斯还没什么名气，坎贝尔也没怎么听说过他。因此，在会见乔布斯之前，坎贝尔拜访了多家公司，希望能找到适合自己的职位。

坎贝尔拜访的第一家公司是苹果公司的竞争对手泰迪。当坎贝尔问泰迪的高管，公司对个人电脑的未来有什么看法时，泰迪的高管说："我觉得它会成为人们在圣诞节相互赠送的大礼。它简直就是下一个民用波段收音机啊。"民用波段收音机是当时最时尚的产品，泰迪的高管认为电脑也会成为一种时尚。但坎贝尔对这一答案并不感兴趣。接着，坎贝尔又去了其他几家公司，问了同样的问题，但他们的答案都没有打动坎贝尔。最后，坎贝尔见到了乔布斯。乔布斯用他的远见和宏图震撼了坎贝尔。

"乔布斯讲的故事太精彩了。他滔滔不绝地讲了一个小时。关于个人电脑如何改变世界，他为我描述了一幅美丽的蓝图。在未来，我们的工作、教育、娱乐等一切都被个人电脑改变了。我想，没有人能抗拒这么美丽的梦想。"

坎贝尔当即加入了苹果公司。即使是30多年以后，每当坎贝尔回忆起与乔布斯会面的情景时，他仍会兴奋不已。"史蒂夫是一个怀抱着改变世界的野心的人，他能够看到海的那头。"坎贝尔认为这正是乔布斯与其他领导人最为不同之处。

拿破仑有句名言："不想当将军的士兵，不是好士兵。"这是对所谓"野心"的最好说明。古今中外，成大事者都是因为自己有一颗"想当将军"的野心而最后如愿以偿的。有些人认为野心对人的生活和工作会产生不利影响，殊不知，缺乏争取好成绩的冲劲，只会对工作产生不利影响。如果你对未来缺乏野心，将很难获得成大事的机会。

苹果公司创业之初能吸引大量投资，关键就在于乔布斯的这种野心令人深深折服。1996年6月，乔布斯在写给皮克斯所有股东的信中底气十足地宣布："我要让拥有400位员工的皮克斯，成为世界第一大动画公司。"就在这一年，皮克斯制作的动画电影《玩具总动员》获得了奥斯卡小金人。2000年，乔布斯在MacWorld大会上放言："在未来十年内，苹果公司将是在计算机和网络方面获利最多的10家企业之一。"紧接着，iBook成为了美国最畅销的笔记本，而iBook的畅销又带动了PowerBook的销售，苹果公司在笔记本电脑市场上的占有率达到了10%。

乔布斯从来不介意在人前显露自己的野心，但他也不是吹完牛后就整天躺在床上无所事事，等着天上掉馅饼，而是让野心推着他拼命向前奔跑，这就是野心的作用。

作者手记

一个人，尤其是一个男人，就是要有一定的野心，这样才能尽力而为完成自我超越，这比做得好还重要。当你有足够强烈的欲望去改变自己命运的时候，所有的困难、挫折、阻挠都会为你让路，欲望有多大，就能克服多大的困难，就能战胜多大的阻挠。你完全可以挖掘生命中巨大的能量，激发成功的欲望，因为欲望有时就是力量。

立志须趁年少

“那个时候，所有的电话号码都是登记在册的，所以我在电话簿上寻找住在帕洛奥图的比尔·休利特，然后打到了他家。他接了电话并和我聊了20分钟，之后他给了我那些零件，也给了我一份工作，就在他们制造频率计数器的工厂。”

在人的一生中，青少年时期立下的志向对我们的将来有着巨大的影响。青少年时期，尤其是求学阶段，是人生志向的确立时期。这一阶段确立起来的人生志向决定着你以后为之奋斗的人生。

1971年，美国大部分高校正爆发着激烈的校园运动。加州大学伯克利分校内，催泪瓦斯在整个校园弥漫，暴乱的学生们东奔西窜。在一块草坪的树荫底下，一个长头发、大胡子、身穿蓝色牛仔裤的年轻人却冷眼旁观着这一切，并对身边同样外表邋遢的朋友史蒂夫·沃兹尼亚克不屑地说："我们才是真正的革命家。"

说这话的人正是史蒂夫·乔布斯。不过，那时没有人知道，这个长头发的嬉皮士日后竟真成为了改变人类生活的"革命家"。乔布斯出生时正赶上20世纪50年代的美国婴儿潮，青少年时期则正值"新左派"运动和"反主流文化"运动在美国盛行，这对乔布斯产生了深远影响。"新左派"追求的是更为平等的社会新秩序，而嬉皮士则玩世不恭、无拘无束，这两股思潮汇集到一起，就是年轻的乔布斯的价值源泉。他想打破旧世界的陈规陋习，建立自己心目中的理想世界。但一个人很难扛过世俗的偏见，在世俗面前，他不得不忍受孤独、寂寞和外界的冷嘲热讽，然而，乔布斯坚持了下来。

乔布斯实现了自己青少年时期立下的志向，成为了一个"真正的革命家"，电脑、音乐、动画电影、手机、平板电脑，凡是他涉足过的领域，无一例外都发生了翻天覆地的变化，重新建立了新的秩序——由乔布斯和他的苹果主导的秩序。当初只有十几岁时的乔布斯，在伯克利分校内一句看似狂妄的"我们才是真正的革命家"，在他日后的生命旅程中给了他无穷的动力和明确的方向。

有志不在年少，自古英雄出少年。现在青少年大都仍处于求学阶段，生活无忧无虑，只要把学习搞好就可以了，好像不需要什么志向和野心，但你们可知道，那些震烁古今的人物在这个年龄，甚至在还要小的时候，就已经崭露头角，踏上了实现胸中抱负的征程。秦国的甘罗12岁就做了宰相；霍去病19岁便被封骠骑将军；晏殊7岁中进士；王勃13岁写《滕王阁序》；周瑜7岁学文，9岁习武，13岁官拜水军都督，统率千军万马，执掌六郡八十一州兵权。

跟王勃、周瑜这些少年才子或少年英雄类似，乔布斯也很早就显露出了自己的志向和天赋。

乔布斯上高中时加入了惠普探索者俱乐部，这是一个每周一次的聚会，有大概15个学生参加，他们会从实验室请来一个惠普工程师给他们讲正在研究的东西。

这个俱乐部的孩子们被鼓励做一些项目，于是乔布斯决定做一台频率计数器，用来测量一个电子信号中每秒钟的脉冲数量。由于缺少一些零件，于是乔布斯果断拿起电话打给了惠普公司的首席执行官，并且在通话的过程中毫不露怯。乔布斯后来回忆说："那个时候，所有的电话号码都是登记在册的，所以我在电话簿上寻找住在帕洛奥图的比尔·休利特，然后打到了他家。他接了电话并和我聊了20分钟，之后他给了我那些零件，也给了我一份工作，就在他们制造频率计数器的工厂。"乔布斯高中第一年的暑假就在那里工作。

如果是你处于当时乔布斯所处的境地，你会敢于拿起电话直接打给一家著名企业的首席执行官，并且跟他愉快地交谈20分钟吗？这就是野心和志向的力量，当你胸中有了一个坚定、宏大的目标，就不会太在意一些不必要的细节。

一个有远大理想、有高尚追求的人，一定有明确的奋斗目标和人生志向，懂得自己活着是为了什么，知道自己怎样做是正确的。他会将自己的志向作为鞭策自己前进的动力，从而感到内心的踏实、生活的充实，不再被许多微小、繁杂的事所干扰，也不会去奋力追求所谓的荣华富贵，而是干什么事都显得成竹在胸。

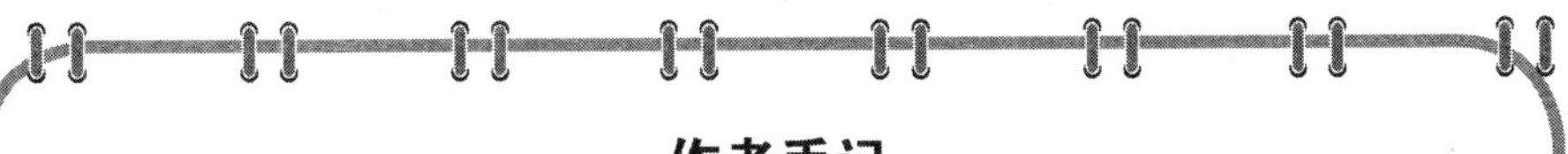

作者手记

一个没有远大志向、理想的人就像一艘没有舵的船，永远漂流不定，只会到达失望、失败和丧气的海滩。成功者总是那些有伟大志向的人，鲜花和荣誉从来不会降临到那些像无头苍蝇一样在人生之旅中四处碰壁的人头上。

你也可以改变世界

“我们的目标从来就不是打败竞争对手或挣钱，我们的目标是做尽可能不平凡的事情或更伟大的事情。”

“活着就是为了改变世界，难道还有其他原因吗？”这是乔布斯最著名的一句话。人来到这个世界上，不能像一颗流星一样，划过之后痕迹就渐渐淡去。既然来了，总要做点什么，让这个世界记得我们。

唐朝著名诗人李贺有名句曰：“少年心事当拿云。”可能很多人都认为“改变世界”这件事过于宏大，是属于那些有经天纬地之才的大人物的事情，跟自己没什么关系。其实，那些真正能改变世界的人，不是因为他们是“大人物”所以才改变了世界，而是因为他们先有了“改变世界”的野心，所以他们成了能改变世界的“大人物”。就像乔布斯，当他还是个穷学生的时候，就已经把“改变世界”当成了自己的使命。

1976年，当乔布斯与沃兹尼克创立苹果公司并研发个人电脑的时候，人们普遍认为计算机不可能进入普通家庭，即便降价也无法实现。在这种预测下，没有人将电脑与家庭和个人联系起来，在他们看来，这个笨拙的机器只适合摆在研究室里。

乔布斯并不这么认为，他对他的伙伴说，电脑之所以没有快速进入家庭，是因为制造成本太高、售价太贵。普通家庭无法承受，这正是苹果可以有所作为的领域。为了实现让人人拥有一台电脑的想法，乔布斯设计了第一代通用式的苹果个人电脑Apple I。在这台电脑上，除了一个带键盘的主机之外，没有任何外部设备。值得注意的是，这台电脑还有一个可以与家用电视相连接的视频插口以及一个与录音机相连接的接口。做这样的设计，是为了保证数据和程序可以存在一般的录音带上。而在美国，电视机和录音机在那个时代几乎家家都有。

Apple I面世后，人们欣喜若狂，因为只需要花上几百美元，他们就可以买到电脑。蓝色巨人IBM没有做到，乔布斯做到了。

除了个人计算机外，苹果公司的iPod开创了在网络商店里购买、下载单曲的新型音乐销售模式，人们通过iTunes下载的音乐已经超过100亿首；iPhone则是一款革命性产品，将手指触控用于智能手机，App Store上的应用程序下载量超过30亿次之多；iPad同样让人惊奇，它不仅是下一代个人电脑的先锋和雏形，更关键的是，它很可能会影响甚至改变出版、媒体、影视等所有大众文化产业。

为何乔布斯能如此改变世界、影响人们的生活？

这可以用乔布斯自己所说的一句话作诠释——“我们的目标从来就不是打败竞争对手或挣钱，我们的目标是做尽可能不平凡的事情或更伟大的事情。”

曾就职于苹果的广告代理公司的肯·西格尔（他后来为戴尔服务）曾这样说道：“戴尔和苹果的文化截然不同。在戴尔，你要能够应付各种事物及各种数字。有人说苹果的产品不会刻意去迎合市场，一点儿也没错。对苹果而言，唯一要做的就是改变世界。而在其他公司看来，赚钱才是第一位的。”

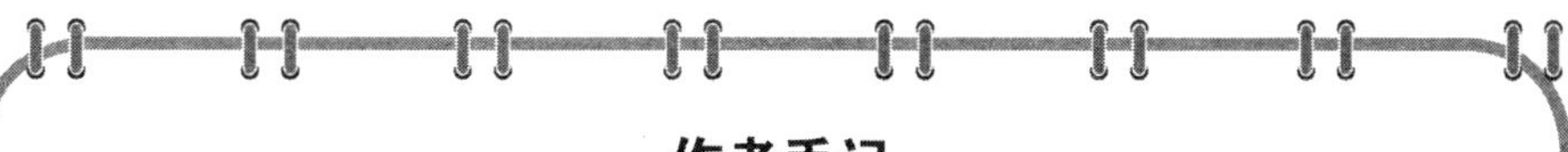

作者手记

乔布斯改变世界的经验主要有两条需要学习：

1.要敢于想象。斯坦利·威廉勋爵有这样一段话：“一个无所事事的人，不管他多么和气、令人尊敬，不管他是一个多么好的人，不管他的名声如何响亮，他过去不可能、现在不可能、将来也不可能得到真正的幸福。生活就是敢于想象……”

2.要一心想着做伟大的事情，而不是以功利为主要目的。周总理当初是为了“中华之崛起”而读书，后来他成为了令中国甚至世界人民敬仰的伟人。你现在是为了什么而读书呢？为了考试成绩好父母给予奖励？为了考个好大学将来好找工作？为了有了好工作后将来可以赚很多钱？还是为了将来做一些不平凡的、甚至足以改变世界的事情？

发明未来，而不是预测将来

“不要试图猜测你的未来，与其如此，不如努力一把，发明你的未来。”

未来一定需要创新力，而且具有创新力的人一定拥有更多的优势，但是未来究竟需要什么样的人，产生什么样的组织以及发生什么样的变革，这都是无法预料的，领导者、管理者也好，员工也罢，只能通过实干，不断地用行动去探索未来可能发生的情况，这就是面向未来的基本方式和基本手段。聪明的人不会去预测自己的未来而不去行动，他们会积极发明自己的未来，乔布斯就是这样的人。

乔布斯说：“我这10年中只请过一次咨询公司，来帮我分析捷威公司（Gateway）的零售战略，避免我们重蹈覆辙（当开设苹果自己的专卖店时）。但从自身来讲，我们从来没花钱聘请过咨询师。我们想要做的就是造出好产品。”正是由于乔布斯对于消费者的深入了解，他才可以制造出伟大的产品。

据罗布·恩德勒的分析，对于一件新产品，绝大多数消费者其实并不清楚他们最想要的是什么。恩德勒对于苹果没有借助于焦点小组的方式来开发iPad是持肯定态度的。因为在10年前，微软依赖焦点小组做出的平板电脑又沉又贵，基本上是一台没有键盘的笔记本电脑。这很难让那些电子产品爱好者感兴趣。

苹果产品的颜色、特性以及功能上的不断更新，受到了广大消费者的青睐，在这些方面，苹果从没有放弃停止聆听消费者的意见和建议。创新需要团队配合，同时更需要的是鲜明而独立的见解。乔布斯经常把自己置身于消费者的角度询问自己：“如果是我，我想要的是什么呢？”在这个过程中，乔布斯和苹果自己的人就充当了最好的焦点小组。正因为如此，苹果公司才能源源不断的推出一些伟大的产品。

乔布斯对于为什么不使用焦点小组是这样说的：我们并不是在引领什么流行文化，没想过牵着人们的鼻子走，也不是要蛊惑大家去买他们并不真正想要的东西。我们首先得搞清楚自己想要的是什么。我们还是有一套很好的方法和标准来判断人们是否想要这个东西。大家花了钱，我们就得办好事。所以我们不能把问题直接抛给他们，比如“你觉得我们下一个大动作应该是什么”之类的问题。亨利·福特不是有一句名言吗？他说：“当初我要是问那些买车的人他们需要些什么，他们肯定告诉我要一匹更快的马！”

苹果团队将自己化身为一个标准要求最高的焦点小组。“我们首先得搞清楚自己想要的是什么。”他们完全将自己置身于一个消费者的角度。如果一件东西能够抓住乔布斯和他团队的心，基本上肯定能吸引公司之外的大众。

“大多数厂商会迫不及待地将经过焦点小组验证的产品敲锣打鼓地推向市场，期望通过大造声势吸引那些潜在消费者。”恩德勒说，“而另一方面，苹果就很少用营销手段将消费者轰到新产品前来。”这和乔布斯的观点是不谋而合的。另一句在技术界反复流传的话出自电脑先锋艾伦·凯之口：“预测未来的唯一办法是发明未来。”乔布斯毫无疑问是这一阵营里的人。

苹果公司就是这样，他们能够洞察到顾客的真实渴望，并且拥有乔布斯这样理想的“牧马人”和他的团队，那么毫无疑问他们就可以成功地“发明未来”，用一个又一个伟大的产品来向顾客的永恒的期望值无限地靠拢，那就是“一批更快的马。”

很多人喜欢做的事情是预测自己的未来，仔细思索自己的未来是个什么样子，然后沉浸在幻想中不能自拔。然而，与其空想，还不如努力一把，打造自己的未来。因为十个空想家也抵不上一个实干家，空想家将生命浪费在构建空中楼阁的时候，务实的人们早就一步一个脚印，开始创造属于自己的一切了。两者的区别显而易见。幻想写出长篇巨作的人，从未真正开始着手实现自己美好的愿望，最终贻误了自己的一生。空想对于我们的人生是多么危险，由此可见一斑。

只有抓紧生命里的每一分钟，不让光阴耗费在蹉跎中，踏踏实实地去把想法变成行动，才能取得应有的成绩；只有下定一个不更改的决心，历经学习奋斗、成长这些不断的行动，才有资格摘下成功的甜美果实。 心动不如行动！光有梦想是不够的，必须付之于行动，否则到头来也只是竹篮打水一场空。早一刻行动，就可能早一刻成功！

这个世界上有太多思想的巨人、行动的矮子。而更多的时候，我们不仅仅需要一对梦想的翅膀，更需要一双踏踏实实做事的双手，去开创我们的未来。清谈者坐而论道，百无一用；空想者原地踏步，一事无成。唯有珍惜当下的时光，行动起来，才能让自身不断超越，变得越来越优秀。

当前的青少年处于一个知识经济时代，知识生产和传播的速度超过了以往任何一个时代，所以我们不能总是眷顾逝去的美好，也不要总是对未来充满幻想而不做出任何的努力，我们要做的事情是立足现在，发现机遇，勇敢地走向未来。抛弃那些我们曾经的辉煌，并且重新审视自己的立足点，我们就能把握时代的脉搏，并成为这个时代真正的英雄。

作者手记

生活若剥去理想、梦想，那生命便只是一堆空架子。岁月会在现实主义者的脸上刻下干枯的沧桑，却让理想主义者充满了生机勃勃的希望。

第四章

必要时拿出男人的霸气

霸气源于自信

“IBM本质上就是最差状态下的微软公司。他们不是创新的力量，而是邪恶的力量。”

这个世界上有很多优秀的企业家，乔布斯或许不是成就最高的那一个，但一定是最特殊的、崇拜者最多的那一个，他的独特魅力来源于他的自信、狂妄甚至是咄咄逼人。正如乔布斯自己所言：“其他人看起来那么愚蠢的原因，就是我太耀眼了。”类似的还有足球教练穆里尼奥，他曾说：“这里除了上帝，就是我。”他的狂妄、特立独行以及举手投足间流露出的霸气，让他成为了无数球迷心中的偶像。

一个人越自信，他的性格就会越迷人。一个充满自信心的人之所以与众不同，就在于他能有意识地追求和表现人格的魅力和令人折服的坚定自信；就在于他能够在复杂的处境之中和胜负未卜之前，有积极的自我意识、明确的价值观念和良好的自我状态。

1983年，乔布斯和几名工作人员去日本参观电子公司，整个过程他都表现得非常粗鲁。他总是穿着牛仔裤和运动鞋去跟那些西装革履的日本经理会面。日本方面会按照惯例，郑重地递给乔布斯一些小礼物，但这些礼物经常被乔布斯丢在一边，他也从没有回赠礼物给对方。成排的工程师们列队欢迎他，对他鞠躬，然后恭敬地送上自己的产品供他检查，他只会冷笑一声，然后说："你给我看这个干什么？这就是一堆狗屎！随便找个人做出来的驱动器都比这个好。"虽然接待方的大多数人都会对他的举止感到震惊，但有一些人似乎被他逗乐了。他们事先听说过关于乔布斯令人讨厌的作风和鲁莽行为的故事，现在亲眼见到了。

乔布斯看不上日本电子公司的产品，所以表现得很粗鲁，如果换成一个一事无成、对电子产品一窍不通的人在日本工厂里大放厥词，那些专业工程师的涵养肯定不会那么好。但是大放厥词的人是乔布斯，是苹果公司的创始人，这就成了一种战术：在战术上重视对手，在战略上藐视对手。

1981年8月，IBM推出了他们的个人电脑，乔布斯让自己的团队买了一台并进行了详细的分析。大家一致认为这是个很糟糕的产品，性能低下，毫无创新。它使用的是过时的命令行提示符，屏幕也只能显示字符，而不是图形界面的位图显示。

不过乔布斯和苹果的员工显得过于自信了，他们没有意识到，企业的技术经理们也许更愿意从IBM这样的老牌企业购买产品，而不是他们这家以水果命名的公司。IBM发布个人电脑的那天，比尔·盖茨恰巧在苹果公司的总部参加一场会议，他后来用"他们看上去根本不在意"来描述当时苹果公司的氛围。

还有一件事情表现出了乔布斯狂妄的自信：他们在《华尔街日报》上刊登了一幅整版广告，标题是："欢迎你，IBM。真的欢迎。"他们把即将到来的电脑产业大战定位成了苹果和IBM两家公司之间的游戏。而当时和苹果公司表现同样出色的康懋达公司、坦迪公司以及奥斯本，则被归入了“不相干公司”的行列。

乔布斯一直把IBM当成他的完美陪衬，他认为即将到来的产业战争不仅是商业实力的较量，还包括精神层面上的较量，所以他在接受采访时，公开对IBM进行藐视和贬低：“如果因为某个原因，我们犯下了巨大的错误，IBM赢了我们，那我个人的感觉就是，我们将进入计算机领域长达20年的黑暗时代。一旦IBM控制了市场，他们几乎总是会停止创新。”

即便是30年后再回顾那场竞争时，乔布斯还是把它当作神圣的改革运动，而他本人依旧是与邪恶力量抗争的英雄角色：“IBM本质上就是最差状态下的微软公司。他们不是创新的力量，而是邪恶的力量。”

在乔布斯的影响下，苹果公司仿佛带有一种与生俱来的高傲和霸气，不做市场调研，不把任何竞争对手放在眼里，但他们总是能够生产出令消费者疯狂的产品。霸气源自自信，自信源自实力。

作者手记

爱默生说：“相信你自己的思想，相信你内心深处认为是正确的。”自信不是要盲目地妄自尊大，它需要深厚的知识和经验积累作为坚强后盾。

找到自信的支点，撑起自信的支柱。如果你确信你是正确的，那么就坚定它，因为最终能为你证明的肯定是事实。

果断获得信心，信心产生力量

"不行！我需要你立刻行动！"

在生活中我们常听到有人说"要是当初早作决定就好了"、"当时要不是一时拿不定主意就不会错过这个机会了"这样类似的话，放这种"马后炮"的人都是做事拖拖拉拉、犹犹豫豫的人，这样的人不可能取得任何成就，只会让机会不断从身边溜走。如果一个男人做事瞻前顾后、拿不定主意，"阳刚"和"霸气"这两个词永远跟他无关。

亨利希·曼说："果断获得信心，信心产生力量，而力量是胜利之母。"

乔布斯就是一个做事果断、雷厉风行的人。

苹果公司在为麦金塔计划做准备工作时，需要从内部员工中选拔优秀人才组成一个专门小组，其中赫茨菲尔德就在选择名单之中。赫茨菲尔德是名很优秀的程序工程师，此前一直在Apple小组，乔布斯要将他吸纳到麦金塔计划小组里。但是此时的赫茨菲尔德对苹果公司于1981年准备实施的一项解雇计划不满，他的一个重要的合作伙伴及好朋友被解雇了，他非常不解，甚至产生了去意。不过，从他内心来讲，他是很期待进入麦金塔小组工作的，所以他有些犹豫不决。

乔布斯找到赫茨菲尔德，单刀直入："你究竟参不参加麦金塔电脑小组？"

赫茨菲尔德说："我可以参加，但我有这个想法，现在我感觉待在苹果公司了无趣味。我可能要离开公司，瑞克（赫茨菲尔德的合作伙伴及好朋友）的解雇让我心里很不痛快，这种做法是不对的！”

乔布斯立刻说道：“那很好，来啊！你马上就能着手开始工作了！”

“什么？”赫茨菲尔德有点懵。

乔布斯说：“我是说，你搬过来，从今天起你就可以为麦金塔电脑小组工作了！”

“好吧，再等一下，我还必须处理点事情，大概需要几个星期才能处理完！”

“不行！我需要你立刻行动！”乔布斯直接将赫茨菲尔德桌上的电脑关掉，拿出碟片，拔掉插头，然后抱着整台电脑，边向门外走边说：“来，现在我就送你过去。如果你还需要什么东西。晚些再回来拿！”

这就是乔布斯的作风。赫茨菲尔德表达他乐意为乔布斯的计划工作的话只有“我可以参加”这五个字，后面的所有话都是表达心中不满的，但是都被乔布斯刻意忽略掉了，自始至终没有提一个字，让赫茨菲尔德有种全力挥出一拳但是打在了棉花上的感觉。

不仅忽略了自己不想听的话，乔布斯还不容赫茨菲尔德再有犹豫的机会，直接拔掉他的电脑插头，强迫他做了决定，直接带走了自己想要的东西和人。在当时的情况下，如果任由赫茨菲尔德再花上几个星期考虑，结果可能就大不相同了。

但是我们不要走入另一个误区，以为果断就是想起一件事就去做，不加思考。这是轻率、鲁莽，不是果断。果断，是指一个人能适时地作出经过深思熟虑的决定，并且彻底地实行这一决定，在行动上没有任何不必要的踌躇和疑虑。果断是成大事者积累成功的资本。果断的个性，能使我们在遇到困难时，克服不必要的犹豫和顾虑，勇往直前。

作者手记

有的人面对困难，左顾右盼，顾虑重重，看起来思虑全面，实际上渺无头绪，不但分散了同困难作斗争的精力，更重要的是会消磨掉同困难作斗争的勇气。在这种情况下，果断的个性则表现为沿着明确的思想轨道，克服犹豫和动摇，坚定地采纳在深思熟虑基础上拟定的克服困难的方法，并立即行动起来同困难进行斗争，以取得克服困难的最大效果。

敢于“壮士断腕”

“与其被别人取代，不如自己取代自己。”

“壮士断腕”是指为了整体和全局的利益，有必要在一些事情的沉没成本变得不可接受之前，及时放弃它，尽管那是一件令人痛苦的事情。但是很多人在面对沉没成本时，往往因为没有这样的勇气和智慧而陷入“鳄鱼法则”的陷阱。

鳄鱼法则说的是假若一只鳄鱼咬住你的脚，而你用手去试图挣脱你的脚，鳄鱼便会同时咬住你的脚与手。你愈挣扎，被咬住得就越多。实际上，明智的做法应该是：一旦鳄鱼咬住了你的脚，你唯一的办法就是牺牲一只脚。“鳄鱼法则”折射出的智慧，即：在博弈中，当你发现自己的行动已经背离了既定的方向，必须立即止损，不得有任何延误。

止损自然是很痛苦的，但是因此而保全了性命。美国通用公司的前首席执行官杰克·韦尔奇曾经把许多业绩不在业界前两名的事业部门关闭，这些都是痛苦的决定，但是为了整体的利益，必须当机立断，拿出勇气和魄力进行“壮士断腕”式的放弃。可是很多人在生活中会下意识地“把手伸进鳄鱼嘴里”，他们无法放弃或停止已经失去价值的事情。

在苹果公司推出iPod和iTunes之前，索尼是音乐电子消费品方面的“巨无霸”，他们拥有时尚前卫的便携式随身听系列，有一家非常优秀的唱片公司，还有多年制造精致的消费电子产品的经验。不管是在硬件、软件还是内容销售整合方面，索尼都有与苹果一战的资本，但是在iTunes和iPod相继推出后，索尼便一败涂地。

索尼失败的很大一部分原因在于他们是一家非常庞大的公司，旗下有很多个分支，每个分支都有自己的想法和利益底线。在这样的公司里，如果让多个分支公司为了共同目标而协同运作，是非常困难的。

乔布斯没有把苹果公司分割成多个自主的分支，他紧密地控制着他所有的团队，并且一直在推动各团队之间的交流和竞争，促使他们作为一个团结而灵活的整体一起工作，全公司只有一条“损益底线”。正如蒂姆·库克所说：“我们没有财务独立核算的事业部，全公司统一核算。”

除此之外，和其他很多公司一样，索尼总是在极力避免“内部相残”。他们总是担心如果推出了一个音乐播放器以及一个方便人们分享数字音乐的服务，那么唱片分支的销售就会受到影响。乔布斯对此不以为然，他的一个商业原则就是：永远不要害怕内部相残。乔布斯说：“与其被别人取代，不如自己取代自己。”所以，即使iPhone的出现会蚕食iPod的销量，iPad的推出也会影响苹果笔记本电脑的销量，都没有阻碍乔布斯的想法。

乔布斯不惧怕取代之前的自己，舍得放弃，所以他不断地取得更大的成功。其实，正确的思考往往蕴涵于取舍之间，因为不这样做，就那样做，你必须在最短的时间内作出选择。不少人看似素质很高，但他们因为难以舍弃眼前的蝇头小利，而忽视了更长远的目标。成大事者有时仅仅在于抓住了一两次被别人忽视了的机遇，而机遇的获取，关键在于你是否能够在人生道路上进行果断的取舍。

俗话说“十赌九输”，只要你有贪心，不能及时收手，最后的结果肯定是越陷越深，越输越多。我们谁都无法预知未来，其实生活中很多事情都是在赌博，道理类似。

我们不可能无限地拥有生命，人的精力、时间总是有限的，生命也是有限的。只有科学地管理好自己的精力，开发好自己的精力，把有限的精力集中于某一项工作，才能取得突破性的进展，获得持久的成功。

作者手记

“年轻人，要坚持做一件事情。”普瑞德对一位年轻的酿酒师说，“坚持酿你的酒，你就会成为伦敦最伟大的酿酒师。但是，如果你既要酿酒，又要当银行家，又要做贸易，还要当制造商，那么你最终将无所适从，一事无成。”

要想学会选择，就要先学会放弃，最关键的一点就是要做到不能患得患失，要善于分清眼前利益和长远利益，能够果断地舍卒保车。

有时需要力排众议的决断

“他们提出了38种不能这么做的理由。然后我就说，‘不，不，我就是要这么做。’”

大部分人都爱民主，因为民主尊重每个人的意见和想法，不会让一部分人没有存在感；民主做出的决定不会被骂，即使出错也有一堆人在前面顶着，法不责众。但是有一点我们不能否认，世界上还是普通人占绝大多数的，而一件能够推动时代进步的、具有划时代意义的决策或者产品，是只有少数的天才能够做出来的。这种情况下，推行民主只会把伟大的东西毁了。

苹果公司在研发iMac时，设计师艾弗想要将iMac的外壳设计成曲线形的，并且还要是海蓝色半透明的。艾弗说：“我们想要传递一种感觉，就是计算机能够根据我们的需求而改变，就像变色龙那样。这就是我们喜欢半透明的原因。虽然有固定的颜色，却又不呆板，可以一眼看到里面，有种调皮的感觉。”

乔布斯非常喜欢这个设计，他一直坚持要让新品的元件整齐地排列在电路板上，即使它们不会被人们看到也要这么做，现在通过这个半透明外壳，人们将能够看到乔布斯对产品的用心。但是这种半透明的塑料外壳做起来十分复杂，艾弗和他的团队与苹果公司在韩国的制造商合作，力求制作出完美的产品，他们甚至还去了一家糖果厂，学习如何把半透明的色彩做得更有活力。更重要的是，这种塑料外壳每个的成本要超过60美元，是普通计算机外壳成本的3倍。如果是其他公司，就要对此进行专门的论证，讨论半透明外壳是否能够提升销量，并证明额外的成本是否值得。但乔布斯对于这种论证不予考虑，对于工程部门的反对也一概不理，只因为他认为这是一个很棒的设计。

除此之外，乔布斯和艾弗还在iMac外壳的顶部设计了一个内嵌的提手，这是一项趣味性和象征意义远大于实用性的设计。因为这是一台计算机，不会有人总提着它乱跑。而且艾弗还没向他解释为何要这么设计。

如果是在乔布斯回归以前的苹果公司，艾弗的这项设计肯定会被否决。但是乔布斯看到这个设计后，只说了一句话：“这太酷了！”

这个提手再次遭到了制造工程部门的反对，这些反对者得到了硬件总工程师鲁宾斯坦的支持。面对这个“异想天开”的设计，鲁宾斯坦提出了现实的关于成本的考虑。“当我们把做提手的建议交给工程部门时，”乔布斯说，“他们提出了38种不能这么做的理由。然后我就说，‘不，不，我就是要这么做。’然后他们问，‘那么，为什么？’我回答道，‘就是因为我是首席执行官，我认为这么做没问题。’结果他们就这么不情愿地照做了。”

除了海蓝色的外壳外，艾弗还为iMac设计出了4款看起来非常诱人的新颜色。为一款电脑配备5种颜色会为制造、库存、分销带来巨大挑战，对大多数公司来说，包括乔布斯回归之前的苹果公司，都会有专门的研究和会议来讨论成本和利润。乔布斯看到新颜色后非常激动，马上召集其他高管到设计工作室。“我们要使用所有这些颜色！”乔布斯兴奋地对他们说。后来艾弗回忆道：“在其他公司，作这样的决定要花上好几个月，史蒂夫只用了半个小时。”

1998年8月，iMac正式发售，售价为1299美元，上市6个星期后就卖出27.8万台，到年底卖出80万台，成为苹果公司历史上销售速度最快的计算机。

曾经在苹果公司担任高级主管的让·路易·卡西说过一句评价乔布斯管理风格的话，令人印象非常深刻：“对于像苹果这样的公司而言，民主不能制造出伟大的产品，你需要一位有能力的专制君主。”为乔布斯工作的人之所以能谅解他的独裁，最重要的原因是他完全投身于创造他梦想产品的事业中，并且总能创造出非常棒的产品。

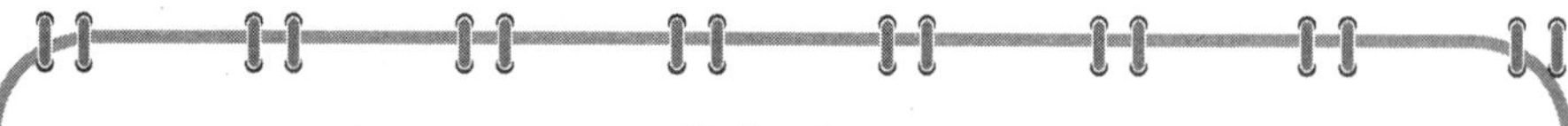

作者手记

乔布斯如果不是不顾众多人的反对，坚持己见，而是采取民主投票的方式产生决策，苹果现在只会是一家平庸的公司，绝不会生产出一个又一个伟大的产品。我们如果能够从现在开始就坚持这样做，长成一个男子汉以后，就会有一种自然而然的、不怒自威、唯我独尊的气质，无形中就有一种令人折服的力量，这就是所谓的霸气！

将霸气转化为领导力

"做海盗比做正规海军棒多了。让我们一起做海盗吧！"

一个男人有霸气是不够的，有了霸气后自己在屋子里孤芳自赏、自娱自乐也是不够的，只有将霸气转化为领导力，才算是真正的霸气。

这个世界上没有天生的领导者，只有后天造就出来的领导者。从进入人类社会以来，具备领导能力的人就一直受益匪浅。如果从青少年时期就开始培养领导才能，并且把它主动地在日常生活中表现出来，那么将大大增加将来成功的可能。

1992年9月，乔布斯率领麦金塔小组来到了离苹果公司100多英里的帕哈楼沙丘城，举行了一次静修大会。参加大会的成员有100人左右，平均年龄只有28岁。

活动开始时，乔布斯在黑板上写下了一句鼓舞士气的口号："做海盗比做正规海军棒多了。让我们一起做海盗吧！"紧接着，乔布斯又写下了一句非常富有煽动性的口号："热爱你的工作，一周奋斗90个小时吧！"通过"海盗"的寓意，乔布斯向麦金塔小组的成员们灌输了这样的理念：你们参与的工作意义非凡。霎时间，掌声和欢呼声响彻整栋大楼，与会成员纷纷站起来向这位"海盗王"宣誓，他们都想做特立独行的海盗。

然后，乔布斯就像变魔术一样拿出一件印有"海盗"两字的T恤衫，并率先套在了自己身上。很快，每位参加活动的成员都得到了一件这样的T恤，但所有的T恤并不是完全一样的。在少数几件T恤衫的左胸下面印有一行小字"麦金塔骨干"。这样一来，有的人成了擦甲板的普通海盗，有的人则成了陪同船长用餐的高级海盗。很明显，乔布斯是想通过这种差别待遇的方式，来刺激这群自命不凡的员工。

为了按计划推出这台会震惊世界的麦金塔电脑，乔布斯可谓是煞费苦心。当时虽然已经完成了一些核心工作，但仍然有许多棘手的问题，需要乔布斯鼓舞起大家的干劲，而这时，他霸气十足的领导力起到了关键性作用。

乔布斯通过这次静修大会，营造了一个士气高涨的氛围。"海盗"这个主题词是鼓舞团队士气的强力黏合剂，它让所有参与其中的"海盗成员"感觉到，我们不是死板的程序员，我们是特立独行的，我们生产出来的计算机与苹果公司其他部门设计出来的计算机是完全不同的。后来乔布斯还在麦金塔大楼里树立起了一面带有白色头骨图案的海盗骷髅旗帜，以表明“麦金塔海盗军团”的独树一帜。

乔布斯将麦金塔电脑研发小组命名为“海盗军团”，而他则是这个“海盗军团”的头目。他积极说服苹果公司内部最优秀的人才，让他们加入到麦金塔电脑研发小组。他的海盗队员们几乎是在一个与世隔绝的环境里拼命工作的，他们的工作效率远远高于其他任何一家计算机公司。只用了短短两年的时间，麦金塔电脑小组就研发出了当时世界上最出色的电脑。这之后，“海盗精神”成为了凝聚整个苹果团队的灵魂，使得苹果的每一个员工都知道自己在为何而战，都确信自己正在从事一项意义非凡的工作。

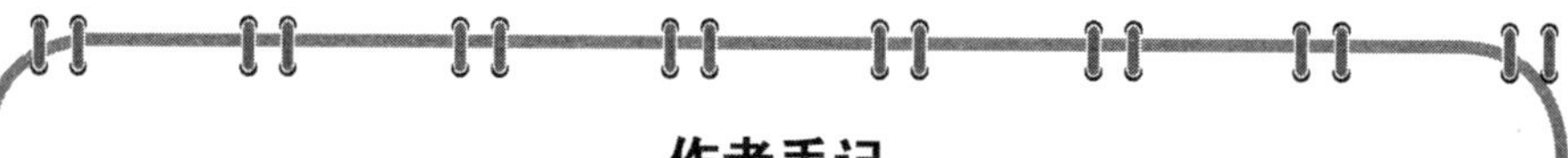

作者手记

乔布斯并不是只会独裁，只有暴躁的“霸气”，他还能将这“霸气”转化为领导力，所以他成为了世界上最成功的首席执行官之一，并且成功地把苹果公司打造成世界顶尖科技公司。

第五章

追求质朴的简约

简约是未来的方向

“iMac电脑秉承苹果电脑一贯的简约风格，让你飞速上网。”

如今，不管是人类的发展、技术的发展，还是社会制度的发展，都在向着越来越简约的方向大踏步前行。以前我们看到一件电子产品有很多按钮很多功能，就会认为这一定是一件高端产品，但是如果现在我们的眼前出现这样一件电子产品，我们一定会嗤之以鼻，认为这是一件土鳖的“山寨货”。

在这个一切都在简约化的时代，想要在未来有所作为，把握住时代发展的脉搏，“简约”是必须深入到骨髓的一种精神，无数人的成功都证明了这一点。乔布斯就是这种简约精神的狂热追随者，无论是从他的生活还是从他对产品的要求上，都是以简约为上。这也是他深刻体察事物发展规律的一种反映。花哨的东西只能吸引顾客一时，简约实用的东西才能吸引顾客一世。

苹果的每一项产品都是极尽简约的。乔布斯及其设计团队会花费很大精力在让产品更加简约上，尤其是在操作使用上，乔布斯要求设计师们做到哪怕一个小学生都能很容易地学会。

苹果公司最初版本的iMac上网的速度非常快，使用者只需要经过两个步骤就能够连接到互联网。“没有第三步”这个广告创意激发了1998年计算机行业的想象力，成为了那之后10年中最有影响力的电脑广告，并让乔布斯的简约主义誉满天下。正如苹果设计师艾弗所说：“我们完全沉浸在寻找一种高度简化的设计方案中，因为作为活生生的个体，我们都懂得‘简单’的定义。”

“iMac电脑秉承苹果电脑一贯的简约风格，让你飞速上网。”乔布斯在做iMac演讲时说。同时，配合其演讲的幻灯片屏幕也极其简单：“iMac电脑，互联网为之欢呼雀跃；苹果电脑，时尚而简约。”

除了外形力求简约时尚外，乔布斯还会将相当大一部分精力用在简化用户界面上。设计OSX界面时，由于该系统对每个人来讲都是新的，为了让用户能够轻松上手，乔布斯将设计重点集中于简化界面。他要求将尽可能多的设置汇集在一处，将其放在一个“系统偏好”框中，而这种“系统偏好”框则放进了“Dock”导航元素中。然后，乔布斯又坚持尽量多地精简界面，去除不必要的元素和简化视窗，保证视窗的内容而非视窗本身。最后只保留下来了几个主要的特征，其中包括设计团队花了好几个星期才开发出来的“单一视窗”模式。

“单一视窗”模式也是应乔布斯的要求而设计的。因为每次打开一个新的文件夹或文件，就会出现一个新窗口，很快就会让屏幕变得非常乱，乔布斯讨厌这种同时打开好几个窗口的效果。而“单一视窗”模式则会将所有东西在同一个窗口展现，不管用户操作的是哪个软件程序。

在进行新界面研发的过程中，乔布斯经常会提出一些看起来非常疯狂的想法。但是最后事实证明，那些想法确实不错。有一次开会时，乔布斯仔细查看了每个窗口左上角的三个小按钮，这三个按钮的功能分别为关闭、缩小和放大窗口。一开始为了防止它们分散用户的注意力，设计师将这三个按钮都设计成了相同的浅灰色，但是这样一来，用户就很难区分这些按钮各自不同的功能。于是有人建议，在光标移到这些按钮上时，应通过触发特有的动画来说明它们的功能。乔布斯认为这个想法有点麻烦了，他提出了一个建议：就像交通信号灯一样，给这些按钮加上颜色：红色表示关闭窗口，黄色表示缩小窗口，绿色表示放大窗口。这个想法我们现在看来很平常，因为我们使用的界面就是这样的。但是当时设计师们刚听到他这个想法时，都觉得太不可思议了。

设计师瑞茨拉夫说："听到这个建议时，大家都觉得将交通灯与计算机联系在一起实在是太奇怪了。"但是没过多久，他们就发现乔布斯是对的。不同的颜色含蓄地表明了点击这些按钮的结果，且这些颜色所代表的含意特别容易为用户所接受，尤其是红色按钮暗示着"危险"，这样就会给用户警示，不容易误点关闭按钮。这是一个又简单又实用的方法，而且又简化了操作。

乔布斯追求简约的品质给苹果产品注入了一种简单时尚的气质，不管是只有几岁的小孩子，还是已经过了不惑之年的叔叔阿姨，都对苹果的产品爱不释手，用起来没有任何操作和技术上的障碍。

以iPad为例，在使用iPad之前，你不需要参加任何培训或学习任何课程。如今有很多人尤其是上了年纪的人都对计算机的复杂系统感到很苦恼。如果能有一款电子产品，精致实用得让成年人爱不释手，同时又能简单有趣到让孩子也乐此不疲，这就是一种科技的进步，一种伟大的成功。iPad就是这样一款精致简单的产品。在iPad面世不久，网络上就出现了一段两岁小孩玩iPad的视频，iPad在小女孩的手中不像是平板电脑，只是一个玩具。只要轻轻挥动她的手指，小女孩就能滑动屏幕上的图标，就能轻易掌握看电影、听歌等功能。不需要他人指点，两岁的小孩子就可以将iPad运用自如，这难道不是世界上最伟大的简单吗？

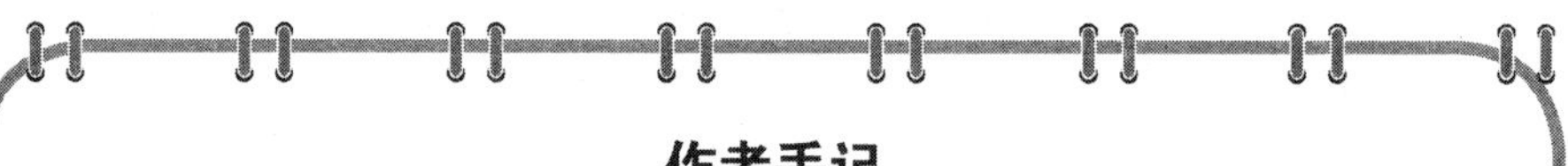

作者手记

简约是一种理念、一种精神，不是一项具体的技能，也没有什么具体的训练方法。它至关重要，将会决定人的一生。如果非要有一种“训练方法”的话，那就是多读书、多学习，知识越丰富，你的思想就越深邃，思想越深邃就越容易接近事物的本质，而事物的本质往往都是最简单的。

简化是为了聚焦

“公司根本没有聚焦，每个小组都在做同样的事情。苹果要生存下去，一定要砍掉过多的项目。我们需要有焦点，做我们擅长的事情。”

有的人一生中之所以有很多的梦想无法实现，就是因为一个人在成长的过程中涉足的领域太多了，因此就很容易分散精力，也就阻碍了他们的发展，使得他们最终一事无成。如果他们从小能够集中精力于某一领域，就很可能在某一领域所向无敌。

乔布斯一生专注于用电子产品改变世界，他的苹果公司也继承了他这项优秀品质，我们熟悉的能说得上名字的苹果产品也只有iMac、iPod、iPhone、iPad等几种，产品种类虽然不多，但个个都是精品。世界上市值最高的科技公司居然只有这么几款产品，这对于其他公司来说简直就是不可思议的。

但是在乔布斯重新接管苹果公司之前，苹果公司已经丢掉了这项珍贵的品质，正处在破产的边缘。当时的苹果处于一片混乱，销售的产品类型高达40种，从打印机到掌上电脑，应有尽有，但是每款产品的市场占有率都很小。而且，每款产品还有很多型号，不同型号之间差别很小，比如Performas系列，型号有Performa 5200CD、Performa 5210CD、Performa 5215CD等。

乔布斯看到这些复杂到令人费解的产品名称和型号后，意识到苹果的产品线已经处于极度混乱之中，他在后来回忆说："我接管苹果的时候，看到的是品种繁多的产品。我询问公司的员工，为什么推荐3400而非4400？为什么是6500，而不是7300？三个星期后，我依然无法弄明白到底为什么，如果连我都无法弄明白，我们的顾客怎么可能搞清楚？"

乔布斯立即召开会议，让每个部门的负责人介绍自己部门的业务和产品以及自己所在部门的运作方式和接下来的计划等问题。在听完所有人的汇报后，乔布斯认为其中很多都在做重复的工作，他说："公司根本没有聚焦，每个小组都在做同样的事情。苹果要生存下去，一定要砍掉过多的项目。我们需要有焦点，做我们擅长的事情。”

于是，乔布斯开始给苹果公司大规模“瘦身”，取消了数百个软件项目以及绝大部分的硬件项目，包括显示器、打印机以及掌上电脑等项目。乔布斯认为，拯救苹果的唯一办法是将工作重点聚焦在最擅长、最有价值的事情上，为消费者提供最好、最易使用的电脑，而不是像戴尔一样，生产更多的廉价电脑以抢占市场份额，就像他所说：“苹果的根是为人制造电脑。这个世界不需要另一家戴尔或者康柏。”最终，苹果只保留了四个产品平台——两个笔记本研发平台以及两个台式机研发平台。

乔布斯回归两年之后，苹果推出了这四款产品，专业电脑PowerMacintosh G3、多彩的iBook、具有靓丽外表的PowerBook以及引起轰动的iMac。凭借这四款产品，苹果起死回生。

这就是聚焦的力量，它是所有成大事之人都必须具备的品质。聚焦同时也是我们对生活、对人生的一种态度，一个懂得事事都认真的人，一定是一个热爱生活且懂得生活的人。斯蒂芬·茨威格曾说过：“一切艺术与伟业的奥妙就在于专注，那是一种精力的高度集中，把易于弥散的意志贯注于一件事情的本领。”一个人如果能做到除了追求完整意志之外，把一切都忘掉，把自己完全沉浸于对自我的提升之中，那他就是一个天才，就能在求知的路上走得更远。

作者手记

卡耐基说："一般人只投入25%的精力和能力在工作上；愿意在工作上投入50%以上能力的人，是值得全世界人脱帽致敬的；至于100%投入工作的人，可以说，在这个世界上找不出几个。"从这番话中，我们可以看出，认真专注工作的人是相当可贵的。

至繁归于至简

"人们直观上就知道该怎么处理桌面。你走进办公室，桌子上有一堆文件。放在最上面的就是最重要的。人们知道怎么样转换优先级。我们在设计电脑的时候引入桌面这个概念，一定程度上就是想充分利用人们已经拥有的这一经验。"

在我们的一生中，会有许多追求和憧憬。追求真理，追求理想的生活，追求刻骨铭心的爱情，追求金钱，追求名誉和地位。有追求就会有收获，我们会在不知不觉中拥有很多，有些是我们必需的，而有些却是完全用不着的。那些用不着的东西，除了满足我们的虚荣心外，最大的可能就是成为我们的一种负担。

我们的心灵不应随着年龄、阅历的增长而越来越复杂，生活本身其实十分简单，所有看起来无比复杂的东西，他的本质都是简单的。幸福、快乐的生活源自于内心的简约。简单使人宁静，宁静使人快乐。

乔布斯从骨子里就是一个简约主义者。

受乔布斯的影响，在苹果公司，设计师们宁可放弃产品的一些附加功能，也不会让产品新增特性伤害了原本简约、流畅的用户体验。

1983年的阿斯彭设计大会上，乔布斯发表了一篇以“未来绝对不会和过去相同”为主题的演讲，在演讲中他反复强调苹果公司的产品会是干净而简洁的：“我们会把产品做得光亮又纯净，能展现高科技感，而不是一味使用黑色、黑色、黑色，满是沉重的工业感，就像索尼那样。我们的设计思想就是：极致的简约，我们追求的是能让产品达到在现代艺术博物馆展出的品质。我们管理公司、设计产品、广告宣传的理念就是一句话：让我们做得简单一点，真正的简单。”

苹果奉行的这一原则也在它的第一版宣传册上得到了突出：“至繁归于至简。”

乔布斯认为，简约化设计的一个核心要素就是让人能直观地感觉到它的简单易用。设计上的简单并不总能带来操作上的简易。有时候，设计得太漂亮、太简化，用户用起来反而不会那么得心应手。乔布斯对一群设计专家说：“我们做设计的时候，最重要的事情就是让产品特性一目了然。”他以麦金塔电脑的桌面概念为例：“人们直观上就知道该怎么处理桌面。你走进办公室，桌子上有一堆文件。放在最上面的就是最重要的。人们知道怎么样转换优先级。我们在设计电脑的时候引入桌面这个概念，一定程度上就是想充分利用人们已经拥有的这一经验。”

简单并不只是乔布斯在设计上的追求，而是贯穿他生活的一种理念。

不管是平时在公司里，还是出席重要的会议或是发布重要的产品，乔布斯都是以运动鞋、牛仔裤、黑色圆领衫亮相。即使有惊人的财富，乔布斯的生活重心依旧是工作，是制造完美的、能够改变世界的产品，在他患了癌症之后，他一直坚持工作到了生命的最后，直到身体上的疼痛折磨得他无法继续工作的时候才停止。乔布斯没有选择在生命最后的阶段去过骄奢淫逸的生活，只是因为他热爱自己的工作，工作给他带来快乐。

其实，简单地做人，简单地生活，按照自身的喜悦安排自己的生活，也没什么不好。金钱、功名、出人头地、飞黄腾达，当然是一种人生。但能不依附权势，不贪求金钱，心静如水，无怨无争，拥有一份简单的生活，不也是一种很惬意的人生吗？毕竟，你用不着挖空心思去追逐名利，用不着留意别人看你的眼神，心灵没有锁链，快乐而自由，随心所欲，想哭就哭，想笑就笑……

著名作家刘心武说：“在五光十色的现代世界中，应该记住这样古老的真理：活得简单才能活得自由。”在这里，简单可能也需要一部分的调整，但是生活的大体方向不曾改变，原本的生活里有什么，我们就在享用什么，不需要过多复杂的修饰，而是遵循生命本身的喜悦。

简单是一种自然的、不刻意的表象，但是它不是粗陋和做作，而是一种真正大彻大悟之后的升华。在系统中安装的应用软件越多，电脑运行的速度就越慢，并且在电脑运行的过程中，还会有大量的垃圾文件、错误信息不断产生，若不及时清理掉，不仅会影响电脑的运行速度，还会造成死机甚至整个系统的瘫痪。所以必须定期地删除多余的软件，清理垃圾文件，这样才能保证电脑的正常运转。

作者手记

我们的生活和电脑系统的运行情况十分类似，现代人的生活太复杂了，到处都充斥着金钱、功名的角逐，到处都充斥着新奇和时髦的事物。被这样复杂的生活牵扯，我们能不疲惫吗？现在很多青少年现在还没有接触这些社会上的钩心斗角、追名逐利，如果你想一生都过一种幸福快乐的生活，那从现在开始，就不能背负太多不必要的包袱，要学会删繁就简，去除烦躁与复杂，恢复本真，这样才能让我们的人生释放最美丽的光芒。

简洁也是一种力量

“这是当时流行的玻璃技术，但我们必须自己制造高压玻璃脱泡机。”

很多孩子到了青春期，也会慢慢开始注意自己的着装打扮。如果你们仔细观察比较一下就会发现，凡是那些大品牌的服装或是鞋帽，有很多都设计得很简洁，而那些山寨货、地摊货才更喜欢在衣服上印上花里胡哨的图案。简洁是一种时尚、一种品位、一种力量。

包豪斯美学认为，设计应该追求简约，同时要有表现精神，要通过运用干净的线条和形式来强调合理性和功能性，将艺术敏感性和大规模生产的能力结合到一起。

乔布斯是包豪斯风格的热情拥护者。1983年的阿斯彭设计大会上，乔布斯在发表演讲时公开称赞了包豪斯风格的简单朴素，还预言了索尼风格的消亡。他反复强调苹果公司的产品会是干净而简洁的。

2010年，即使在与癌症作斗争的时候，乔布斯仍然在为未来的店铺进行规划设计。一天下午，他向约翰逊展示了一张苹果在第五大道零售店的照片。乔布斯指着两边各18块玻璃的外墙说："这是当时流行的玻璃技术，但我们必须自己制造高压玻璃脱泡机。"然后他拿出一张图纸，图纸上4块巨大的玻璃代替了原来的18块玻璃。乔布斯说这是他下一步要做的，这是对美学与技术结合的又一次挑战。他说："用现在的技术，我们不得不让这个立方体外形矮一英尺。但是我不想这样做，所以我们必须在中国造一些新的玻璃脱泡机。"

约翰逊对这个提议并不感兴趣，在他看来18块玻璃要比4块玻璃好看。约翰逊说："这家店铺的外观比例刚好和通用汽车大楼的柱廊协调一致。它像一个珠宝盒那样闪光。我认为如果玻璃的透明度太高，也会成为一个错误。"他为此和乔布斯争辩，但无法说服乔布斯。约翰逊说："一旦技术有了新突破，他就要利用起来。而且，对史蒂夫来说，'少'永远意味着'多'，越简单越好。所以，最好就是能用更少的元素搭建起一个玻璃屋，不但更加简约，而且是站在技术的前沿。这就是史蒂夫最喜欢做的，无论是对于他的产品还是对于他的零售店。"

少即是多，不管是在艺术还是技术方面，这都是乔布斯一直遵循的标准和目标。

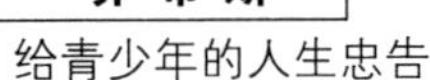

作者手记

不仅是乔布斯，世界上还有很多名人善于利用“简洁的力量”。

丘吉尔被认为是20世纪最重要的政治领袖之一。他叱咤风云，不仅是因为他卓越的政治才能，还在于他非凡的演讲能力。

一次，在剑桥大学的毕业典礼上，整个大厅里坐满了学生，他们正静静地等候着丘吉尔的到来。在随从的陪同下，丘吉尔准时来到会场。他走上演讲台，把脱下的大衣交给随从，接着摘下帽子，然后默默不语地注视着台下所有的听众。一分钟后，丘吉尔缓缓地说：“永不放弃！”说完，丘吉尔便接过随从手里的大衣穿上，带上帽子离开了会场。整个会场顿时鸦雀无声，继而掌声雷动，现场每一个人都在高喊：“永不放弃！永不放弃！……”

喋喋不休、废话连篇的人总是不招人喜欢的，所以我们要向乔布斯和丘吉尔学习，学会使用“简洁的力量”，提升自己的品位。

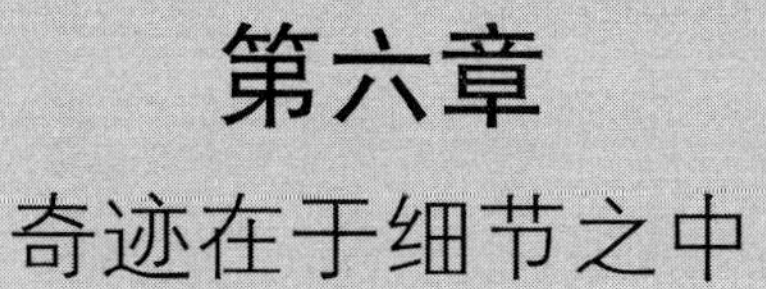

第六章

奇迹在于细节之中

人生无大事，事事皆小事

“没有事情是白费的。”

生活的一切原本都是由细节构成的，如果一切归于有序，那么决定失败的必将是微若沙砾的细节。正如柏拉图所说：“如果没有小石头，大石头也不会稳稳当当地矗立着。”在人生的沉浮中，有时决定我们是立于顶峰还是匍匐于平原的往往就是细节，只有那些认真书写细节的人，才会在人生的白纸上留下一篇优美的文章。

老子云：“天下大事，必作于细。”人生无大事，事事皆小事。只要你能做好每一件简单的小事，你就不简单；只要你能做好每一件平凡的小事，你就不平凡。

乔布斯就是个“细节控”，他一生的成就与他疯狂关注细节密切相关。在乔布斯看来，电脑机箱上螺丝帽的朝向乃至键盘按键排列次序这样的小细节都不容忽视。《财富》杂志曾这样评价苹果公司：“苹果公司喜欢聘用那些永不满足的人。设计师必须疯狂地关注产品的每一个细节，例如MacBook Air笔记本电脑背面的螺丝钉的螺纹，以及隐藏接口的看上去显然没有任何重量的小门。如果你在谈论这些内容时，没有两眼放光，就不配进入苹果公司。”乔布斯希望员工们能生产出一种在任何细节上都无可挑剔的产品。他甚至还要求NeXT公司生产的电脑主机，内部的电路板必须有一个富有创意而吸引人的设计。

在美国洛杉矶帕萨迪纳市苹果零售店，乔布斯非常不满意其装修用的瓷砖，他亲自选购了一种从意大利进口的深灰色花岗石 。

在新的地砖铺好之后的一天清晨，零售店开门之前，所有的经理都高度戒备地走来走去，甚至连很少出现的区域经理都来了。原来，乔布斯在四五个人的陪同下，来检查瓷砖。他很不满意。刚铺就的那些瓷砖看起来还不错，但是由于原来使用的密封胶不好，每当顾客们开始走动，就会出现难看的污点。新铺的瓷砖并没有让这个地方看起来更时尚，反而显得肮脏破旧、疏于打理。乔布斯不仅仅是不满意，而且是很生气。他大发雷霆，怒气冲冲地命令经理，所有的瓷砖必须返工重做。

实在想象不出还有其他的全球性公司的首席执行官会不辞辛劳地检查公司零售店的地板，但这就是典型的乔布斯。

人生有许多节点，坚强与软弱，幸福与痛苦；人生有许多岔路，宽广与狭小，平坦与崎岖；人生有许多结果，成功与失败，天堂与地狱。而决定这些二选一答案的，也许是几句不经意的话，也许是一个极小的事件，也许仅仅是一个动作，但正是这些容易被忽略的细枝末节，往往会决定我们的抉择和命运。

作者手记

培根说："幸运的机会好像银河，它们作为个体是不显眼的，作为整体却光辉灿烂。同样，一个人若具备许多细小的优良素质，最终都可能成为带来幸运的机会。"每个细节都是人生的一个节点，成功、幸运不在于长短，而在于对细节存储了多少。

关注小事，成就大事

"我们喷沙处理了钢材，并在表面刷了透明涂层，所以人们能看到钢筋的本来面目。建筑工人搭建的时候，他们可以让家人在周末过来参观。"

泰山不让土壤，故能成其大；河海不择细流，故能就其深。注重每一个细节，认认真真、踏踏实实地做事正是人生中一个既简单又深奥的哲理，也是每一个人都应该追求的品质。越早明白这个道理，就能越早踏上通往成功的光明之路。

对乔布斯来说，不管多大的事情，他都喜欢选择一个微小的细节作为切入点。

在带领团队研发麦金塔电脑时，有一次，乔布斯走进了麦金塔电脑操作系统工程师拉里·凯尼恩的办公室，抱怨开机启动时间太长。凯尼恩想进行解释，但乔布斯没给他机会，直接打断了他。乔布斯问："如果能救人一命的话，你愿意想办法让启动时间缩短10秒钟吗？”凯尼恩说愿意。于是，乔布斯走到一块白板前开始演示，如果有500万人使用Mac，而每天开机都要多用10秒钟，加起来每年都要浪费大约3亿分钟，而3亿分钟相当于至少100个人的终身寿命。凯尼恩听乔布斯演示完后当时就震惊了。几周过后，乔布斯再来看的时候，麦金塔电脑的启动时间缩短了28秒。

乔布斯就是拥有这种能力，他能从一些极小的细节入手，进而看到宏观层面，掌控全局。

《玩具总动员2》在1999年11月上映，比第一部还要轰动，在美国获得2.46亿美元的票房，全球票房达到4.85亿美元，皮克斯上下欢欣鼓舞。乔布斯认为既然皮克斯的成功已经得到了认可，那么到了建一座可以展示形象的总部大楼的时候了。

乔布斯和皮克斯的设施管理团队在爱莫利维尔市找到了德尔蒙食品公司一个废弃的水果罐头厂，这是一个位于伯克利和奥克兰之间的工业区，位于旧金山海湾大桥的另一端。他们将原来的旧工厂拆掉，乔布斯委托苹果零售店的建筑师彼得·伯林为这块16英亩的区域设计一栋新大楼。

新大楼从整体设计理念到建材的选择，甚至是建造方式这些最细微的地方，乔布斯都十分关注。皮克斯总裁埃德·卡特穆尔说：“史蒂夫坚信，设计对路的建筑物会对文化起到积极的作用。”乔布斯控制着大楼的建造，就像一位导演在精心拍摄自己电影中的每一个场景。皮克斯创意总监约翰·拉塞特说：“皮克斯大楼是史蒂夫自己的电影。”

拉塞特最初的想法是建造一个传统样式的好莱坞工作室，不同的项目有各自独立的大楼，开发团队在单层建筑里办公。但乔布斯认为这会让不同的团队之间产生疏离感，他希望大楼的样式是一栋庞大的建筑围绕着中庭，这样可以为员工们的“偶遇”交流制造更多机会。

由于长期生活在数字世界里，乔布斯非常了解数字生活带来的孤立感，他更加推崇人与人面对面地交谈。他说：“在我们这个网络时代，有一种想法认为，创意通过邮件和网络iChat聊天就可以被开发出来。这是个疯狂的想法。创意产生于自发的谈话和随机的讨论中。比如你偶遇某个人，你问最近在做些什么，然后你说‘哇’，很快你就会蹦出各种想法。”

最终，乔布斯把皮克斯的大楼设计成了一个推崇“偶遇”的场所。大楼的前门、主楼梯和走廊都能通到中庭，那里有咖啡厅和信箱，几间能透过玻璃窗看到中庭的会议室，还有一座能容纳600人的剧场，以及两个小放映室。乔布斯说：“如果一栋大楼没有这样的功能，你就会失去很多由于偶遇而产生的创意和奇想。所以我们设计这栋大楼的目的，是希望员工们走出办公室，多到中庭来走走，因为他们会遇到一些平时见不到的人。”拉塞特回忆说：“史蒂夫的理论从第一天起就见效了。我接连遇见一些几个月都没碰见的人。我还从来没见过哪座大楼的设计能如此鼓励合作和激发创意。”

除了设计一个巨大的中庭外，乔布斯还有一个更疯狂的想法，那就是在整栋大楼里只建造两个大的卫生间，一男一女，和中庭连接在一起，这样可以利用上厕所的机会更多地“逼迫”员工“偶遇”。皮克斯的总经理帕姆·克尔温回忆道："他一定要坚持这么做。但我们有些人觉得这有点儿夸张了。有个怀孕的员工说她不能为了上厕所还要走上10分钟的路。这件事最后还引起了很大的争议。"拉塞特与乔布斯一直都是"志同道合"，这次"厕所事件"大概是拉塞特极少数不认同乔布斯的方面之一。最后他们妥协的结果是：在两层中庭的两边各设立两个男女卫生间。

根据乔布斯的设计，大楼的钢筋要外露出来，为了挑选出颜色和材质最好的，乔布斯看遍了美国各地所有制造商提供的钢筋样本。最后他选择了阿肯色州的一家工厂，让他们把钢材喷成纯净的颜色，并确保卡车司机在运输中丝毫不能磕碰。他甚至还坚持要把所有的钢筋用螺栓固定，而不是焊接。他回忆道："我们喷沙处理了钢材，并在表面刷了透明涂层，所以人们能看到钢筋的本来面目。建筑工人搭建的时候，他们可以让家人在周末过来参观。"

皮克斯能成为动画电影领域的王者，与乔布斯总是鼓励员工交流和开发新创意有很大关系。乔布斯鼓励员工的方式不是整天握着拳头喊口号，而是从一些绝大多数人都不会注意到、不会想到的细节入手。诸多事实表明，乔布斯这样做的成果是惊人的。

"小事"的力量在生活中任何一件事情上都能体现出来。我们不妨回想一下，自己做的那些得到老师和家长表扬、给自己带来荣誉的事情：或是成绩特别突出的某门学科，一定都是自己平时注意积累、多思考、多练习的结果，而不是突然心血来潮喊喊口号"我要把这件事做好"就能做好的。

其实我们在大部分日子里，都是在做一些小事，但是总有一些人心沉不下来，不屑于做那些具体的事，总是盲目地相信“天将降大任于斯人也”。殊不知，能把自己所应做的每一件小事做成功、做到位就很不简单了。不要以为总统比村长好当，有其职斯有其责，有其责斯有其忧，如果力不及所负，才不及所任，必然祸及己身，导致混乱。所以，重要的是做好眼前的每一件小事。所谓成功，就是在平凡中做出不平凡的坚持。

作者手记

任何一位成功者都是磨炼出来的。人的生命具有无限的韧性和耐力，只要你始终如一地脚踏实地地做下去，无论在怎样的处境，无论大事小事，都不放松自我，不自暴自弃，你便可以创造出令自己和他人都震惊的成就。

也许你勤奋地学习工作，到头来却家徒四壁，一事无成。但是，如果你不去勤奋学习工作，就肯定不会有未来的香车豪宅，不会有成就。所以，不要总是浮躁地飘在天上了。如果你想成功，就要去做，即使是小事，也要马上去做。

观察力助你发现新世界

“好，现在就把我当成是产品，当买家要把我从盒子里拿出来，启动我的时候，会发生哪些事情？”

每一个人的成功都离不开细节，每一个成功的故事都与细节密切关联着。但是即使所有人都知道细节的重要性，由于观察能力的差异，每个人对于细节的认知能力还是会有很大差别，有的人脚下有根针他都能及时发现，而有的人正常走路都会撞到柱子上。

苹果公司生产出来的产品总是能够引起用户疯狂的追捧。在用户看来，苹果的产品总是能够做到他们的心坎里，有很多人们想不到、不会去注意的地方，苹果公司都想到了。这得益于乔布斯超强的观察能力，他总是能够依靠自己搜集到的巨量信息和细节，把自己“变”成用户，然后体验用户从把产品买到手到拆开包装使用再到报废后丢弃的每一个细节。

他经常问自己这样一些问题：当你在家里或者在办公室里，身边是你新买的电脑，你第一次打开包装盒的时候会看到什么？你提起你的电脑之前先要移走多少东西，处理这些东西是否麻烦？除了自己考虑外，乔布斯还会听取更多人的意见。他会跟研发团队说：“好，现在就把我当成是产品，当买家要把我从盒子里拿出来，启动我的时候，会发生哪些事情？”在得到团队成员不同的答案后，乔布斯会努力从所有事情中发现不完美之处，从设计到用户体验和用户界面，从营销和包装到该产品的销售。

除此之外，对于很多细节，大多数的用户都不会考虑，乔布斯也要替他们考虑：

鼠标对于用户来说是全新的，包装应该怎样设计才能让用户在把鼠标从包装盒里拿出的那一刻起，就有一种将它握在手中的冲动？

电脑的机箱应该怎样设计才能看起来很酷，让人觉得赏心悦目，把它摆在书桌上很自豪；让人觉得它不仅仅是一个丑陋的四四方方的机箱，而是经过工程师精心设计的？

当用户插上电源并第一次按下电源开关时，麦金塔电脑多久才可以开始工作？

每次显示器点亮之后用户会看到什么？

如果不看用户指南，用户能够弄明白所有的基本操作吗？

这些是我们每个人生活当中都会遇到的小细节，大部分人都不会放在心上，甚至都不会观察到，但乔布斯都看到了，并在设计产品的时候把这些之前观察搜集到的信息提取出来，所以苹果的产品才会做得那么“贴心”。

作者手记

观察力是一种重要且十分有效的发现细节、搜集信息的能力。观察，既要做到系统全面，又要做到细致入微，这样才能从根本上把握事物的脉络，作为我们行动的先导。只要用眼睛看世界，用心发现世界，那么，世界也会给我们带来惊喜、带来酬劳。

成功是细节之子

“多年来，宾利公司把他们的线条变得更柔和了，细节部分比以前更严谨了，我们也必须让麦金塔达到这个境界。”

研究人员曾经归纳出一条“事故法则”：每起严重的安全事故背后是29起轻微事故、300起未遂先兆和1000起事故隐患。这些轻微事故、未遂先兆和事故隐患只要稍加留意就可发现。但若在细节上疏忽大意，事故与损失就不可避免。

所以，不要忽视细节，一个墨点足可将白纸玷污，一件小事足可招人厌恶。在激烈的社会竞争中，细节常会显出奇特的魅力，它可以提升你的人格，使你博得他人的青睐，获得更好的机会。

乔布斯以创新著称，但他的创新能力不是一蹴而就的，更不是天生的，他的卓越成就来源于生活中对科学分分秒秒的热爱，对产品点点滴滴的严格要求。苹果的员工都知道，对于乔布斯来说，即使是鼠标的形状、机箱的大小以及螺丝安装的位置等微小细节，都关系着公司的命运。有人评价乔布斯：他是一个天生的完美主义者，凡事都要坚持到底，关注每一个细节，在他看来，不是最完美的东西就不够好。

乔布斯注重细节完美的例子随处可见，在麦金塔计算机的研发中，大多数人关注的是技术是否先进，只有乔布斯把机箱的设计看成是非常必要的设计环节。

有一次开会，乔布斯拿着一个电话簿走进办公室，然后故意把电话簿扔在桌子上，生气地说：“我们设计出来的麦金塔就应该这么大，不能再让它的体积变大了。如果再加大，用户会受不了的。而且我一看到这些方方正正的像盒子一样死板的电脑就厌烦，为什么不能把它设计得更精巧一点呢？”说完他便自顾自地离开了。

与会之人都没把乔布斯的话放在心里，因为在他们的思想中，电脑的机箱不可能那么小，那是天方夜谭。甚至还有研究人员摆出一堆电子学知识，质疑乔布斯的理论。

但是，这些“顽固派”说什么都没用，乔布斯在这点上表现得十分坚决，他要求部下必须按照他的要求设计，并且在研发的过程中要将每一个细节定得非常精准。最终，他们还是按照乔布斯的要求设计了一台拥有漂亮外形的电脑机箱。半个月后，当他们把新机箱与以前的机箱摆在一起让人们参观时，参观者普遍表示，还是乔布斯设计的形状更让人喜欢。后来的事实证明，这个听起来“天方夜谭”的设计给电脑界带来了革命性的影响。

乔布斯关注细节和追求完美是贯穿生命始终的，他经常到停车场散步，观察宝马、保时捷和宾利汽车的改变与创新。这些好的习惯最终体现在了他的设计中。在一次会议上，他说：“多年来，宾利公司把他们的线条变得更柔和了，细节部分比以前更严谨了，我们也必须让麦金塔达到这个境界。”

我们可以毫不夸张地说，是乔布斯对细节的狂热、专注，为他带来了巨大的成功。因为细节本身往往就潜藏着很好的机会。如果你能敏锐地发现别人没有注意到的空白领域或薄弱环节，以小事为突破口，改变思维定式，你的成绩就有可能得到质的飞跃。

作者手记

生命中，那些看来微不足道的事情中往往蕴藏着巨大的机遇，而成功者与一般人的最大区别，往往体现在对这些微不足道的小事的重视上。

无论有怎样辉煌的目标，但如果在每一个环节连接上、每一个细节处理上不能够做到位，就会被搁浅，从而导致最终的失败。

细节做到极致就是完美

“成功没有捷径。你必须把卓越转变成你身上的一个特质。最大限度地发挥你的天赋、才能、技巧，把其他所有人甩在你后面。高标准严格自己，把注意力集中在那些将会改变一切的细节上。”

很多时候，事情没有做到100%，并不是因为能力有限，而是因为没有建立“100%才算合格”的意识，没有把细节做到完美的追求。把细节做到完美，执行才能完美。

每个人所做的工作，都是由一件件小事构成的，因此对工作中的小事绝不能采取敷衍应付或轻视懈怠的态度。很多时候，一件看起来微不足道的小事，或者一个毫不起眼的变化，却能实现工作中的一个突破，甚至改变商场上的胜负。所以，在工作中，对每一件小事中的每一个细节，都要全力以赴地做好。乔布斯就是这样一个“细节控”。

或许大家都有过类似的经历，只是觉得很正常而忽略过去了。殊不知，看起来微不足道的一件小事，却体现着深刻的道理。试想，如果一个人没有将细节做到完美的习惯，他能表现得十分尽职尽责吗？

米查尔·安格鲁是一位著名的雕塑家。有一天，安格鲁在他的工作室中向一位参观者解释为什么自这位参观者上次参观以来，他一直忙于一个雕塑的创作。他说："我在这个地方做了润色，使那儿变得更加光彩些，使面部表情更柔和了些，使那块肌肉更显得强健有力；然后，使嘴唇更富有表情，使全身更显得有力度。"

那位参观者听了不禁说道："但这都是些琐碎之处，不大引人注目啊！"

雕塑家回答道："情形也许如此，但你要知道，正是这些细小之处使整个作品趋于完美，而让一件作品完美的细小之处可不是件小事情啊！"

那些成就非凡的大人物总是于细微之处用心、于细微之处着力，这样日积月累，从而渐入佳境，出神入化。

在荷兰，有一个青年农民来到一个小镇，找到了一份在镇政府看门的工作。他在这个门卫的岗位上一直工作了60多年，一生没有离开过这个小镇，也没有再换过工作。

也许是工作太清闲，他选择了又费时又费工的打磨镜片当自己的业余爱好。就这样，他一磨就是60年。他是那样的专注和细致，锲而不舍，他的技术已经超过专业技师，他磨出的复合镜片的放大倍数比专业技师的都要高。借着他研磨的镜片，他发现了当时尚未被知晓的另一个广阔的世界——微生物世界。从此，他名声大振，只有初中文化的他，被授予了巴黎科学院院士的头衔，就连英国女王都到小镇拜会过他。

创造这个奇迹的小人物，就是科学史上鼎鼎有名的、活了90岁的荷兰科学家万·列文虎克。他老老实实地把手头上的每一个玻璃片磨好，用尽毕生的心血，致力于每一个平淡无奇的细节的完善，使他终于在细节里看到了自己更广阔的前景。

所以，在工作中，要懂得做好每一件小事，并且要像乔布斯一样把每一件小事都做到极致，这样才可达到完美。

作者手记

认真对待每一件事，都算是做大事；固守自己的本分和岗位，就是最好的贡献。如果你能执着地把手上的小事情做到完美的境界，你同样会成为一个了不起的人物！

第七章

掌控时间

把每一天都当作“末日”

“提醒自己快死了，是我在人生中面临重大决定时所用的最重要的方法。因为几乎每件事——所有外界期望、所有的名声、所有对困窘或者失败的恐惧——在面对死亡时，都会烟消云散，只有你内心最真实的想法才会留下。”

在2012这样一个传说中的“末日年”，是否感到了时间的紧迫，是否认识到自己还有很多重要的事情没有做？“世界末日”的说法不可信，但这种紧迫感是非常必要的，我们甚至可以把每一个明天都当作“末日”。这样做不是吓唬自己，而是提醒自己抓紧时间去做该做的事情。

由于患了癌症，乔布斯的生命比很多人都短暂，但他却用短暂的生命完成了绝大多数人都无法完成的事情，原因就是他珍惜每一天。

“我17岁的时候，读到了一句话：‘如果你把每一天都当作生命中的最后一天去生活的话，那么有一天你会发现你是正确的。’这句话给我留下了深刻印象。从那时候开始，过了33年，每天早晨我都会对着镜子问自己：‘如果今天是生命中的最后一天，你会不会完成你今天想做的事情呢？’”

有一次，乔布斯在一所大学演讲。与他以往的滔滔不绝不同，他的思路有些混乱，因为他被台下一位有着满头金发的美丽女士给吸引住了。活动一结束，乔布斯就去跟这位女士聊天，并且交换了电话号码。

但当乔布斯开口约这位女士共进晚餐时，女士恰好还有其他事情。乔布斯只好作罢，准备驾车离开。但是在发动汽车之前，他问了自己一个“老问题”：“如果今天是我这辈子的最后一天，我要做些什么？我是去参加一次商业会议呢？还是要与这个女人在一起？”答案出来了，乔布斯马上跑回去，再次约这位女士去共进晚餐。“好吧。”她答应了。“我们就这样走在了一起，从此再也没有分开。”乔布斯后来在谈及自己的家庭时这样说道。这位美丽的女士，就是乔布斯的妻子——劳伦。

“提醒自己快死了，是我在人生中面临重大决定时所用的最重要的方法。因为几乎每件事——所有外界期望、所有的名声、所有对困窘或者失败的恐惧——在面对死亡时，都会烟消云散，只有你内心最真实的想法才会留下。”

我们的生命就如流星划过夜空一般，是那么的绚烂，然而又是那么的短暂。生活中我们难得半日清闲，但最终发现时间是如此短暂，所以人人都应拥有一个“充实”的人生。时间是无情的，它能让一个英雄白发苍苍，也能让一个倾国倾城的美人容颜老去。它就像一把刻刀，让人们的脸上都留有它的痕迹，每个人都成为它的雕塑作品。

面对时光的匆匆流逝，我们每个人似乎都显得那么渺小，我们无力阻挡时间的前进，只有在它的步伐里忙碌地生活着、努力着。

在做肝脏移植手术之前，乔布斯曾和家人租用游艇去度假，到墨西哥、南太平洋或地中海。在很多次航行中，乔布斯都会讨厌所乘游艇的设计，因此他们会缩短行程，然后飞到康娜度假村。

那次旅行之后，乔布斯自娱自乐地开始设计一艘自己想要的游艇。2009年他再次病重时，这个计划一度搁浅。“我认为我活不到它造好的那个时候。”他说，“那让我非常悲伤，但是我又觉得做这个设计是件有意思的事，而且也许我侥幸可以活到它造好的时候。如果我停止设计，然后我又多活了两年，我会气疯的。所以我就坚持了下去。”

乔布斯设计的游艇依旧是他的简约风格，呈流线型，柚木夹板平直完美，不加任何装饰物。就像苹果商店一样，船舱的窗子都是几乎从地面直到天花板的大块玻璃，而主要生活区设计有40英尺长、10英尺高的玻璃墙。他让苹果商店的总工程师设计了一种特殊的可以支撑船体结构的玻璃。

当时这艘船已经交由荷兰的游艇定制公司Feadship建造，但是乔布斯仍然在对设计改来改去。“我知道有可能我会死掉，留给劳伦一艘造了一半的船，”他说，“但是我必须继续做下去。如果我不这么做，就是承认我快要死了。”

如果侥幸多活了两年，而没有做该做的事情，乔布斯就会气疯的。乔布斯没有三头六臂，但是他能掌控时间，不随意浪费一分一秒，所以他能用一个月的时间做完别人需要三个月才能完成的工作，这种效果比“三头六臂”还要好。“掌控时间”的概念贯穿了乔布斯短暂的一生，这也是他成功的秘诀之一。

甚至就在乔布斯离开我们的前两三个月，他还有很多想法和项目要付诸实施。他想颠覆传统的教科书产业，为iPad开发电子教材和课程资料，拯救那些背着沉重的书包蹒跚而行的学生们的脊柱。他还想跟最早的麦金塔团队的朋友比尔·阿特金森合作，设计新的数码技术，改善像素水平，使人们即使在光线不足的情况下也可以用iPhone拍摄出满意的照片。他还想把自己在电脑、音乐播放器和电话方面所做的创新移植到电视机上，让它们变得简洁典雅。“我想发明一种非常简单实用的一体化电视机，”乔布斯说，“它可以跟你所有的电子设备以及iCloud无缝同步。”用户将无须再摆弄复杂的DVD和有线电视的遥控器。“它将具有你能想象到的最简单的用户界面。我已经开始着手做这件事了。”

但是到2011年7月时，乔布斯的癌细胞已经扩散到了骨骼和身体的其他部分，医生们很难找到对症的药物去治疗。他很疼，筋疲力尽，才不得不停下工作。

在这个世界上，只有时光和空间才是恒定的主人，而人——只不过都是匆匆的过客。我们的生命就如那流水一般慢慢地离去，就像时钟的分针秒针在滴滴答答不停地向前走着，而不会后退。

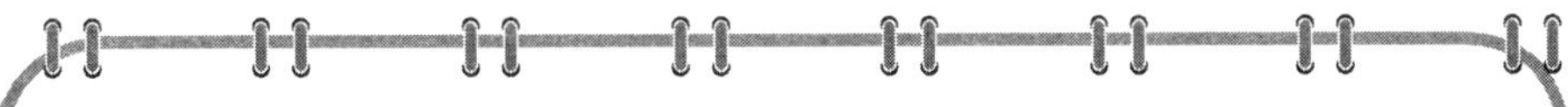

作者手记

米兰·昆德拉曾经说过："我讨厌听我的心脏跳动，这是一个无情的提示，它提醒我生命的分分秒秒都被点数着。"

生命是短暂的，我们活着，不只是为了一宿三餐，不只是为了吃喝玩耍，我们的生命有自身特定的宝贵价值，我们一定要好好把握自己的生命，把握自己生命的每一分、每一秒，去充实自己的内心，去充实自己的人生。

早点沉下来

"这是一生中真正让我觉得羞愧的一件事。我当时不够体贴，伤害了他们的感情。我不该那么做的。"

每个人在成长的过程中都会经历一段逆反、叛逆的阶段，这是一种青春期的阵痛，是很正常的现象。在这个阶段不要觉得自己是个异类，是个坏孩子，每个人都是这样，伟大的乔布斯也曾经叛逆、放荡不羁，而且绝对比你想象的要"坏"得多。

乔布斯刚出生就被抛弃，他是在养父母的呵护下长大的。这对善良的夫妇领养他时曾做过保证：他一定会上大学。所以他们一直努力工作，为他的大学专款省吃俭用。等到乔布斯高中毕业时，这笔专款虽不多，但也足够他上大学的费用了。但是任性的乔布斯一开始根本不想上大学，后来则坚持只去里德学院，那是位于俄勒冈州波特兰市的一所私立文理学院，是全美最贵的大学之一，根本不是乔布斯的养父母能够承受的，但是他们的儿子下了决心：如果他不能去里德学院的话，那么他就哪儿都不去。

当时里德学院的在校生只有1000人，规模还没乔布斯的高中大。学校以自由精神及嬉皮士生活方式著称，学术标准及核心课程却非常严格。里德学院的很多学生都把打开心扉、自问心源、脱离尘世这三条告诫奉为座右铭，学校在20世纪70年代的退学率超过了三分之一。

当时17岁的乔布斯花光了父母所有的钱，如愿进入里德学院。

1972年，乔布斯要开学时，他的父母开车带他来到了波特兰。但他又作出了叛逆的举动：拒绝父母送他进校园，并且连“再见”和“谢谢”都没有说。后来乔布斯回想起这件事情的时候，充满了愧疚：“这是一生中真正让我觉得羞愧的一件事。我当时不够体贴，伤害了他们的感情。我不该那么做的。他们为了能让我去那里读书竭尽全力。但我就是不愿意他们在我身边。我不想让任何人知道我有父母。我就想像个搭火车四处流浪的孤儿一样，突然出现在校园，没有根，没有与外界的联系，也没有背景故事。”

可惜当时的乔布斯没有后来的觉悟，他在学校里每天浑浑噩噩，只听自己喜欢的课，素食，研究禅宗和哲学，仅仅6个月后就被学校勒令退学。

乔布斯退学后仍然待在校园里，他住在学生公寓的空房子里，无所事事。在那个时代背景下，他很容易就变成了一个嬉皮士。他的教务长杜德曼这样回忆乔布斯：“他除了那副伶牙俐齿令人难以招架之外，还拒绝接受一般人早已信服的真理。简单地说，他是一个十足的叛逆者！”

这种放荡的生活方式令乔布斯的生活非常窘迫，他有时甚至需要靠捡垃圾卖钱来维持生活。即便如此，他的思想依旧叛逆，脑子里依然充满了各种奇思怪想。他曾一度想当歌手，也动过去当时的苏联创业的念头。甚至为了得到一点食物，他每周日都步行很远到当地一个印度教寺庙去吃免费的素食。

乔布斯的“逆反”程度应该比大部分人都要重吧？但乔布斯的伟大之处就在于，他能尽早“沉下来”去做该做的事情，而不是一直无休止地“逆反”。

1974年，乔布斯最终回到家里，之后他应聘到一家名叫“阿塔里”的电子公司工作。攒够了路费后，他突然找到公司负责人说，要去印度见识一下那里的宗教圣人。于是他故意光着脚、穿着破烂的衣服到了印度。这次远行，让乔布斯亲眼目睹了当地穷人面对命运的无助，他的心灵受到了前所未有的震撼。从印度回来后，乔布斯几乎变了一个人。他沉默寡言，整天穿着橘黄色的外袍，头发也剃光了。也就是从这时候开始，他暗暗决定以一种与过去不同的全新方式从头做起，结束之前的荒诞生活。

作者手记

从乔布斯的经历中我们可以看出，你曾经如何叛逆不重要，重要的是你什么时候能“沉下来”，十几岁、二十几岁的时候是一个人一生中最宝贵的年华，根本经不起肆意浪费。如果你到了三十几岁甚至四十多岁还是个眉宇间总是充满愤怒的“愤青”，那你的一生将很难再有作为。

善待时间，未来将善待你

"一周工作80个小时，而且喜欢这么做。"

大哲学家苏格拉底有句名言："当许多人在一条路上徘徊不前时，他们不得不让开一条大路，让那珍惜时间的人赶到他们的前面去。"我们应该从小就树立正确的时间观念，只有你善待时间，未来才会善待你。

乔布斯是一个十足的"工作狂"，他年轻时的信条是："一周工作80个小时，而且喜欢这么做。"但事实上，他一周工作90个小时也是经常的，他甚至为自己工作时间少而感到焦虑。

有报道说，乔布斯一般是这样度过他的一天的——早上6点起床，在4个孩子起床前工作一会儿，吃早点，然后等孩子们上学后再工作一个小时左右，9点左右去苹果公司上班。无论他在哪里，他的计算机都通过高速网络和苹果公司以及Pixar公司连接在一起，他随时都可以处理文件和电子邮件。乔布斯说："即使堪萨斯的一个员工上完厕所不放水冲洗，他们也会给史蒂夫·乔布斯发邮件抱怨。"不过，乔布斯显然喜欢这样，喜欢这样随时处于工作状态的生活。

自2009年1月宣布因身体原因休假后，在休假期间，乔布斯仍在家中亲自参与了涉及公司运营的关键工作。《华尔街日报》的文章表示，苹果首席运营官蒂姆·库克负责公司的日常运营，但史蒂夫·乔布斯仍然在自己家中工作，包括对重要的战略问题以及关键产品的开发进行决策。他定期检查开发过程中的新产品及产品规划。

“作为首席执行官，我计划仍将参与公司的重大战略决策的制定，尽管我不在公司。”乔布斯在2009年1月14日的公开信中表示。

很多人把时间当作河，坐在岸旁，束手无策地看它流逝；也有的人把时间当作自己忏悔的温床，躺在对过去的追忆与哀悼中，苦苦呼唤着已逝的时光；还有一些人把时间看作未来的宠儿，总是在晚霞中想象着旭日初升的欢愉。而时间自己却不管你把它当作什么，都按它自己的步伐从容不迫地走着，未来姗姗来迟，现在像箭一般飞逝，过去永远静立不动，而你对待这三者的态度决定了你能抓住时间还是被时间所抛弃。

莎士比亚说：“在时间的大钟上，只有两个字——现在。”昨天唤不回来，明天还不确定，一个人能拥有、把握的就是今天的时间。虚度今天，就是毁了昔日成果，丢了来日前程。

鲁迅说：“我把别人喝咖啡的时间都用到读书和学习上。”他几十年如一日，从不浪费一分一秒，为后人留下了700多万字的著作。就在重病缠身的日子里，他还抓紧时间工作和学习，在逝世的前一天，还写了他最后的一篇作品《因太炎先生而想起的二三事》，真是惜时到了生命的最后一息。

一天24小时，并不是每个人都被平等地赋予。例如莫扎特只活了35岁，但他在短短的一生中做了600首以上旷世之作遗留于世，而其他活了70年、80年的平庸音乐家却比比皆是。以实际使用的时间来看，莫扎特的每一分、每一秒比起其他平庸的音乐家，可在说是更长的。这个时候两者所拥有的时间是无从比较的。

今天的时间是个常数，然而对于那些时间的开发者来说，时间又是个变数，用“分”计算时间的人，比用“时”来计算时间的人，时间多六十倍。如果你把每分钟的时间都拉长了，时间就真的为你所驾驭掌控。“三万六千日，夜夜当秉烛”，你不需要夜夜秉烛，但你可以想想在空闲的时候干点什么，怎样利用闲暇的时间，往往决定你是一个什么样的人。

作者手记

人们应该效仿乔布斯、鲁迅这些成功的伟人，充分利用自己的闲暇时间。比如将外语单词和语法记在小本子上，随身携带，等公交车时拿出来读一读，排队买饭时掏出来背一背，日积月累，成绩一定会有显著的提高。

先做最重要的事

“今天最重要的事情是什么？”

一个人每天都有很多的事情要做，有大事，有小事，有令人愉快的事，有令人心烦意乱的事。但是哪些事才是最重要的呢？不弄明白这个问题，你就会浪费许多精力，空耗许多时间，结果给你带来痛苦——身心疲惫。

每个人的时间和精力都是有限的，只有把有限的时间和精力花在最值得做的事情上，才能让你作出正确选择，而不被琐事干扰。如果你养成了只做重要事情的习惯，做起事情来会事半功倍，就相当于获得了别人两倍的生命。

乔布斯就是这一理念的践行者。

每一天开始工作之前，乔布斯都要先问自己："今天最重要的事情是什么？"确定了最重要的事情之后，乔布斯就心无旁骛地专心做这件事情，而且一定要做到完美。如果连续几天都找不到"重要的"事情可做，那一定是某个环节出了问题，需要好好反思了。

将者，军之魂。苹果公司的员工工作效率堪称世界一流，这很大一部分要归功于最高领导者乔布斯的工作效率。乔布斯在工作中完全秉承了"要事第一"的原则。在乔布斯的工作日程上，招聘顶级人才就是最重要的事情之一。他曾宣称："人要么是天才，要么是笨蛋。我最喜欢的是日本百乐PILOT钢笔，其他的所有钢笔都是垃圾。除了麦金塔小组的成员，这个行业的其他所有人都是笨蛋！员工的才华是公司最大的竞争优势，为吸收世界上最优秀的人才，我所做的每一件事都是值得的。"

乔布斯的高度重视，让苹果公司会聚了来自世界各地的顶级人才，令其他公司垂涎三尺，这让乔布斯非常开心。他曾自豪地说："和天才一起工作，是一件非常快乐的事情。苹果的产品总被视为艺术品，而它们的创造者——苹果的员工们，也颇有艺术家的特质。每个工程师都是天才，都个性十足。"

每个人的工作都不会一帆风顺，总会有各种各样的烦心事。对于如何排除这种不良情绪，乔布斯有自己的独门绝招。

乔布斯常常仿效僧侣的修行方式进行静坐和冥思，以排除思想杂念。乔布斯从中受益良多，宗教中的修行方式成了他进行精神调节的重要手段。每当乔布斯感觉心灵失控时，他就通过这种方式来调整自己的心灵，当他找不到设计的灵感时，他也会用这种冥思的方法来帮助自己。正因为如此，乔布斯很清楚自己想要的是什么，并且能将思想集中于它，所以他总是精力充沛，灵感源源不断。这些有效的精神调节方式使乔布斯能专注于最重要的事情而不至于分心，因而能更好更有效地处理所遇到的问题。

“要事第一”，在乔布斯这种管理理念的贯穿下，苹果计算机公司走出了低谷，迎来了第二春，用一句媒体的评论来说：“苹果计算机公司本应该同数百家依靠自己专利技术的早期计算机公司一起被扔进旧货交易市场。但是，几十年来，它却依靠自己的技术活了下来并且变得日渐强大，开创出了全新的电脑和电子消费产品市场，而且这一市场比它在20世纪70年代开拓的个人计算机市场要大得多。”

古人常说：“射人先射马，擒贼先擒王。”想问题、办事情，就应该牢牢抓住最主要的问题，不能主次不分。不管是在学习中还是生活中，都必须弄清当时当地客观存在的最重要的问题是什么，从而采取正确的解决方法，以收到事半功倍的效果。

前英国首相撒切尔夫人对抓重点有深刻而简洁的见解。有人问她：“在日理万机的情况下还能照顾好家庭，你的秘诀是什么？”她回答说：“把要做的事情按轻重缓急一条一条列下来，积极行动，做好之后，再一条一条删去就成了！”

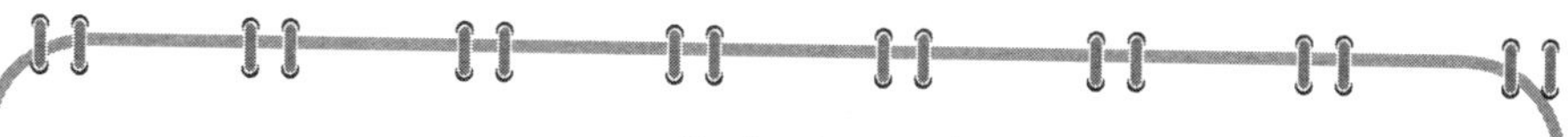

作者手记

真理是朴素的，也是容易被忽视的。加强计划，抓住重点，积极突破，带动一般，这就是各个领域普遍适用的重要方法，也是常被忽视的重要方法。

拖延等于慢性自杀

“这是什么？我可没有时间和耐心将这100多页的协议书看完，如果想与我合作，就应该提供一份我喜欢的那种既简单又简短的、不超过10页的协议书。”

有时候惰性上来了，手头的活不想做了，我们会对自己说：“等晚上回去再做吧。”等到晚上回家后，发现还有别的事要做，或者是一直磨蹭到很晚才开始做，做了一会儿就想睡觉，又不了了之，就会又安慰自己说：“等明天再做吧。”一天如此，两天如此，时间长了之后，就会养成拖拉的坏习惯，成功也会在远处向我们挥手告别。

“想做的事情，马上动手，不要拖延！”这是许多成功人士总结出来的“黄金法则”。凡是成功的人从不拖延，他们对工作的态度总是立即执行，所以他们没有让成功在不断的拖拉中溜走。那种留待明天处理的态度就是拖延和逃避，不但会阻碍事业上的进步，也会让事情越积越多，加重生活的压力。

乔布斯在重返苹果之后，一改之前任性妄为的作风，成了一名做事雷厉风行的经理人。这与他离开苹果后创办NeXT公司时的一些失败经历不无关系。

在乔布斯创立的NeXT开发出Nextstep软件之时，IBM向他抛出了橄榄枝。当时的微软正在一步步地垄断计算机操作系统市场，并且为了保持自身的优势，微软还凭借自己在操作系统上的技术优势和市场占有率，强力打压所有有威胁的竞争对手，试图收购他们的公司，然后将这些公司开发的优秀软件集成到自己的操作系统里。除此之外，微软还使用其他商业策略，逐渐垄断了计算机操作系统市场和主流应用软件市场。这样就使得计算机市场上的格局发生了变化，以前是微软迎合IBM，现在是微软迫使IBM、惠普和戴尔等计算机硬件制造商在研发时迎合自己的软件技术标准。因此，这些硬件制造商迫切希望能找到替代Windows的操作系统，以抵制微软。

虽然乔布斯的NeXT电脑卖的不怎么样，但它的操作系统Nextstep十分优秀，包括IBM在内的一些计算机硬件制造商都将Nextstep看作对抗微软的希望。IBM的首席执行官埃克斯让其助理给乔布斯打了个电话，希望双方在NeXT的新型操作系统上进行合作。接到这个电话后，乔布斯很高兴，因为当时NeXT正处于困境，如果能与IBM合作，无疑能帮助NeXT摆脱困境。

当IBM的主管拿着一份长达100多页的合作协议给乔布斯看时，他当着这位主管的面，将这份还没看就令他头大的协议丢进了垃圾桶，他说：

“这是什么？我可没有时间和耐心将这100多页的协议书看完，如果想与我合作，就应该提供一份我喜欢的那种既简单又简短的、不超过10页的协议书。”IBM虽然对乔布斯的无礼非常生气，但是为了顾全大局，达成合作对抗微软的最高目标，他们又重新拟订了一份没有超过10页的合作协议，这耗费了一段时间。在这份合作协议上，IBM希望NeXT以后专攻软件，停止硬件产品的生产。这一要求遭到了乔布斯的断然拒绝，他坚持让IBM删除这一要求，否则放弃合作，几番讨价还价之下，IBM再次作出了让步，乔布斯这才在协议书上签了字。

但是这份合作协议书来得太晚了。因为IBM内部的人事斗争，支持与NeXT合作的IBM高层领导被排挤出了决策层，因此，这份合作协议还没来得及执行，就提前结束了。就这样，乔布斯错过了一次占领操作系统市场的绝好机会，让微软成为当今世界上一家独大的操作系统供应商。

拖延这个坏习惯就像一种慢性病，当时感觉不出有什么不好，只是推迟了做事情的时间而已。但是时间长了之后，这个慢性病就能要人命。

很多人每天都在做与他们兴趣不合的事情，因此往往自叹命运不济，他们希望机会来了，再去做称心如意的工作。可实际上光阴似箭，时间过去就不再重来。如果不及时醒悟，仍然今天得过且过，明天又再等一会儿，当把所有最宝贵的青春岁月都稀里糊涂浪费掉后，再想重新学习一些新的技能时，往往为时已晚。这种一再拖延、得过且过的惰性，其实与慢性自杀无异。

作者手记

有些青少年通常不太去留意促成事业获得成功的因素，常常把做事情和干事业想得过于简单，不肯集中自己全副心思去做好眼前的事——也就是学习。有些人会想："现在的学习和将来做事业是两码事，我爸有好几个朋友小学都没毕业，现在照样是百万富翁、千万富翁。"

这样的想法是很危险的。时代在变化，知识的作用日益显现。而且一个人的经验和知识储量好比是一个雪球，随着人生轨迹的推移，这个雪球将越滚越大。所以，人们都应该把全副精力集中在眼前的事情上，在这一方面随时随地学习和作努力，而不是拖拖拉拉。

第八章

学会与你的伙伴合作

“个人英雄主义”一去不复返

“苹果生存在一个生态系统组。它需要其他伙伴的帮助。在这个行业里，破坏性的关系对谁都没有好处。”

很多人喜欢爱看一些英雄片，比如美国的《超人》《蝙蝠侠》《蜘蛛侠》《钢铁侠》等，因为这些电影里的主角都极富“个人英雄主义”色彩，常常只靠一个人就能勇闯龙潭，并且进退自如，最终救他人于危难，甚至拯救整个世界。

每个人心中都有一个立马横刀平天下的英雄梦，但在如今这个时代，也只能是一个“英雄梦”了，那些独行侠的故事只能在电影和小说里出现。在这个讲究合作讲究共赢的年代，个人英雄主义已经一去不返了。

作为全球最成功的CEO之一，乔布斯自然也深知团队的重要性，只是这种团队合作在乔布斯和苹果那里有不同的表现形式。“地狱来的老板”是员工送给乔布斯的外号。乔布斯对团队的要求很高，如果一个员工不够聪明，乔布斯一分钟都不想看见他。即使这样，依然有很多人想要追随乔布斯，削尖了脑袋想进苹果。用乔布斯自己的话来解释原因就是："因为你在其他任何地方都做不了你在苹果公司可以做的事情。"

除此之外，苹果的报酬也十分优厚，一名刚进入苹果公司的设计师年薪比行业平均水平要高出50％。乔布斯一向不吝于夸耀他的设计团队是世界上最棒的设计团队，并且一直向他的团队灌输这样的思想：工作不是为了赚钱，而是为了改变世界。在乔布斯的口中，他们做的是世界上最有意义的工作，而且乔布斯描绘的未来前景让他们激动万分。研发出第一代苹果电脑的团队，曾经像奴隶一般工作长达3年，但是他们依旧热爱那种每周工作90小时的生活。因为乔布斯让他们相信：他们所设计的电脑将会改变整个产业、整个时代，他们是融合科技与文化的艺术家，他们无可取代！他们将改变世界！

乔布斯对于合作的重视不是一开始就有的，他也曾以为靠自己还有自己的苹果就足以改变世界。1985年乔布斯被苹果扫地出门，使得他看待世界的视角发生了根本性的改变。乔布斯发现了自己先前的矛盾：在一个网络的世界里，苹果公司却硬要扮演独行侠的角色。

时隔12年后，乔布斯肩负着拯救公司的重任回到苹果。

1997年8月，乔布斯在Macworld大会上演讲的高潮部分，让所有人都大吃一惊，这让他同时登上了《时代》和《新闻周刊》的封面。在那场演讲临近尾声的时候，乔布斯停顿了一下，喝了口水，用平缓的语气说："苹果生存在一个生态系统组。它需要其他伙伴的帮助。在这个行业里，破坏性的关系对谁都没有好处。"为了渲染效果，他又停顿了一下，然后解释道："我要宣布我们今天新的合作伙伴之一，是一个意义重大的合作伙伴，它就是微软。”微软和苹果的标志同时出现在屏幕上，令观众们目瞪口呆。

观众们吃惊是因为苹果和微软已经在各种版权和专利问题上争斗了10年，一直在微软是否剽窃了苹果图形用户界面的外观和感觉上争论不休。当乔布斯重回苹果并且掌握了领导权后，他首先打电话的对象之一就是比尔·盖茨。乔布斯后来回忆说：“我给比尔打电话说，我会扭转这个局面。比尔一直都喜欢苹果。是我们让他进入了应用软件业务领域。微软的第一批应用软件就是为Mac开发的Excel和Word。所以我给他打电话说，‘帮个忙’。微软在侵犯苹果的专利。我说，如果我们继续打官司，几年以后我们可以赢得10亿美元的专利罚金。这一点你知我知。但是如果那样的话，苹果反而撑不到那个时候。所以让我们想想如何立即解决这个争端。我所需要的就是微软承诺继续为Mac开发软件，并且微软要向苹果投资，这样我们的成功就事关微软的利益。”

虽然乔布斯和盖茨谈判进展很快，但是直到乔布斯在波士顿的Macworld大会作演讲前几小时，合同的细节才最终敲定。当时乔布斯正在公园广场酒店城堡会议厅彩排，手机突然响了，这次通话持续了一个小时，将最后剩下的几个问题都解决了。“比尔，感谢你对这家公司的支持，我想世界有它会变得更好。”蹲在古老礼堂的一个角落，穿着大裤衩的乔布斯对比尔·盖茨说。

在Macworld大会的主题演讲中，乔布斯介绍了跟微软合作的细节。一开始，那些忠实的苹果拥护者感到非常失望，纷纷发出叹息和嘘声。尤其是当乔布斯宣布“作为和平条约的一部分，苹果决定把IE作为麦金塔的默认浏览器”时。随后乔布斯补充道：“由于我们提倡选择自由，我们也会提供其他浏览器，用户当然可以随心所欲地更改默认设置。”台下立即响起一些笑声和零星的掌声。当乔布斯宣布微软将向苹果投资1.5亿美元后，观众的反应开始明显转变。最后，为了安抚观众的情绪，乔布斯来了一段即兴演讲：“如果我们想进步并看到苹果好起来，我们必须放弃一些东西，我们必须放弃这种如果微软赢苹果就必须输的观念。我想，如果我们想在Mac上使用微软Office，我们最好还是对开发它的公司表达一点儿谢意。”

乔布斯的激情回归，再加上与微软的合作，立刻给死气沉沉的苹果公司打了一针强心剂，当天的交易日结束时，苹果股票飙升6.56美元，涨幅达到33%。这一天的暴涨给苹果的市值增加了8.3亿美元，再加上微软的1.5亿美元投资，公司成功被乔布斯从死亡线上拉了回来。

自负狂妄的乔布斯，在重回苹果之后都没想过要靠自己的力量拯救苹果，而是首先打电话给死对头微软求助，因为他明白，不合作，只能等死。

能不能与周围的人愉快合作是一个人的一项重要的素质。只有善于合作才能更快地达到我们学习、生活和工作的目的。

作者手记

自然界中，在野火烧起时，为了逃生，众多蚂蚁会迅速聚拢，抱成一团，然后像滚雪球一样飞速滚动，逃离火海。那噼里啪啦的烧焦声，是最外层的蚂蚁用自己的躯体开拓求生之路时的呐喊。

面对困难，面对灾难，唯有团结合作，众志成城，才能冲出一条活路。

大雁南飞时成群结队地以“人”或“一”字形飞行，而且领头的大雁累了会不断地更换。因为为首的雁在前头开路，能帮助其左右的雁群造成局部的真空。科学家曾在风洞实验中发现，成群的雁以“人”或“一”字形飞行时，比一只雁单独飞行能多飞12%的距离。

人类亦如此，只有懂得合作，才会“飞”得更高、更快、更远。

伙伴要找志同道合的

“乔尼给苹果公司乃至全世界带来的改变是巨大的。在各方面他都是一个极聪明的人。”

有一句名言说：你把你的心灵交给了朋友，朋友回赠你的，同样是玫瑰的芬芳。人是群居动物，孤独会让人寂寞。可以说，友谊是滋润人生的源泉。世界上没有人能够完全离群独居，人总是要过群体生活的。在人类社会中，每一个人都像葡萄藤上的一根枝杈，其生命完全依赖于主藤。一簇葡萄之所以能味美色香，完全是因为依在葡萄的主枝上，单单靠分枝是无能为力的。假如要把分枝从主枝上剪断下来，那么分枝上的葡萄就要枯萎。

无论是现在的学习生活，还是将来参加工作，都离不开朋友，但并不是什么样的人都可以成为朋友。一个志同道合的伙伴能够提供给你莫大的助力，而一个价值观和理念与你有很大出入的伙伴只会给你带来阻力。

苹果公司的iPod推出后，销量非常好，仅2005年一年就售出2000万台，是2004年销量的4倍，占苹果公司当年营收的45%。然而，乔布斯并没有一味地高兴，反而开始担忧。因为随着手机都开始配备摄像头，导致数码相机市场急剧萎缩。乔布斯担心同样的事情也会发生在iPod身上，他说："能抢我们饭碗的设备是手机。每个人都随身带着手机，就没必要买iPod了。"

乔布斯开始考虑与手机厂商合作。摩托罗拉公司的新任首席执行官埃德·赞德是他的朋友，于是，乔布斯开始商议与摩托罗拉的畅销手机刀锋（RAZR）系列合作。该系列手机配有摄像头，乔布斯打算在其中再内置一个iPod。摩托罗拉ROKR手机就此诞生。

但是ROKR出来后，令人大失所望。该系列手机既没有iPod简约迷人的风格，也没有刀锋系列便捷的超薄造型，外观丑陋，下载歌曲困难，而且只能容纳近百首歌曲。这与乔布斯的理念大相径庭，但他没办法掌控，ROKR系列手机的硬件、软件和内容并非由同一家公司控制，而是由摩托罗拉公司、苹果公司及无线运营商共同拼凑而成。《连线》杂志在2005年11月号的封面上嘲讽说："你们管这玩意儿叫未来的手机？”

乔布斯怒不可遏，在一次iPod产品评述会议上，他对所有与会的人说：“我受够了跟摩托罗拉这些愚蠢的公司打交道。我们自己来。”于是，划时代的产品iPhone开始酝酿。

虽然这件事催生出了iPhone，但并不能掩盖之前乔布斯与摩托罗拉公司合作的失败。

这就是与志不同道不合的伙伴合作的后果，但也不能因噎废食、拒绝一切伙伴。一个人的力量是十分有限的，许多问题往往不是一个人能够独自解决的。当问题因无法解决而陷入僵局时，你的朋友就是你坚实的后盾，他们往往旁观者清，能为你指点迷津，帮助你解决问题。

苹果公司的首席设计师乔纳森·艾弗是乔布斯的最佳拍档和亲密朋友，他曾参与了包括iPhone在内的多款产品的开发。但是就在1996年，乔布斯回归的前夕，艾弗正打算辞职。当时艾弗在苹果公司的设计部门工作，并且被提为设计部门的主管，但他很不开心，因为苹果当时的首席执行官阿梅里奥并不看重设计。艾弗说：“没有那种为产品付出心血的感觉，因为我们都在努力扩大利润。这些高管只要求我们这些设计师设计产品的外观，然后工程师再把成本压到最低。我准备辞职了。”

1997年9月，乔布斯重返苹果公司出任首席执行官，他将高管层召集在一起进行动员讲话，艾弗也在场，这次讲话后，他打消了辞职的念头。“我记得非常清楚，史蒂夫宣布我们的目标不仅仅是赚钱，而是制造出伟大的产品，”艾弗回忆说，“基于这一理念所作出的决策会与从前有本质的不同。”艾弗和乔布斯一拍即合，成为了当时最伟大的工业设计搭档。

对于乔布斯来说，在了解艾弗之前，他本打算从外面招聘一个世界级的设计师。他找过IBM ThinkPad笔记本的设计师理查德·萨珀，还曾找过设计法拉利250和玛莎拉蒂Ghibli一代跑车的乔吉·乔治亚罗。直到他去苹果的设计工作室走了一圈，碰到了为人诚恳的艾弗。艾弗后来回忆说："我们讨论了产品在形式和材料方面的种种可能，我们的看法一致。我突然明白了自己为什么会爱上这家公司。"

最初艾弗是向乔布斯指派的硬件部门主管鲁宾斯坦汇报的，后来则是和乔布斯发展成了一种直接的、异常牢固的伙伴关系。他们一起吃午餐，而且乔布斯每天下班之前都要去艾弗的设计工作室聊一聊。"乔尼（艾弗的昵称）的身份很特殊，"乔布斯的妻子劳伦说，"他常来我们家玩，两家人之间的关系也变得更亲密。史蒂夫从来不会故意伤害他。在史蒂夫的生活中，大多数人都是能够被替代的，唯独乔尼不是。"

乔布斯自己的话更能表现出他对艾弗的尊敬和喜爱："乔尼给苹果公司乃至全世界带来的改变是巨大的。在各方面他都是一个极聪明的人。他懂得商业概念和营销概念，接受新事物的速度很快。他比其他任何人都更为理解苹果公司的核心理念。乔尼是我在公司里的"精神伴侣"。苹果生产的大多数产品都是我们一起构想出来的，然后我们会再把其他人拉进来，问他们'嘿，伙计，你们觉得怎么样'？对每一个产品，他既有宏观的见解，又能考虑到细枝末节。他明白，苹果是一家注重产品的公司。他不仅仅是一个设计师，这也就是为什么他向我直接汇报工作，他是整个公司里除我之外最有运营权力的人。任何人都无权干涉他做什么或不做什么，这也是我的意图。"

艾弗喜欢分析某个特定设计背后的理念以及如何一步步地构想出这个设计，而乔布斯更注重直觉的判断，他会明确指出自己喜欢的模型和草图，放弃那些不喜欢的。接下来，艾弗就会按照乔布斯的思路和爱好，进一步完善设计理念。他跟乔布斯形成了完美的互补。

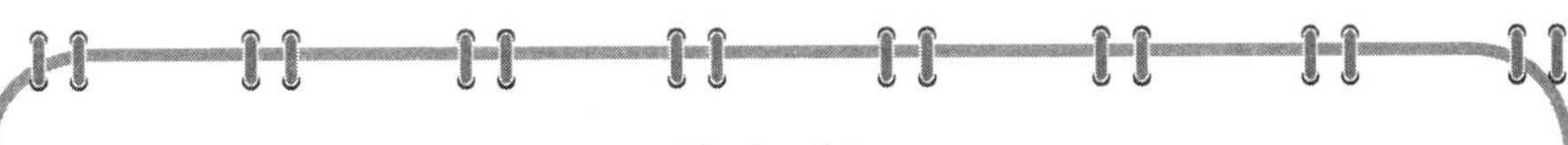

作者手记

人生不可能独行，你必须拥有自己的一群朋友。一个人生知己，不仅能在关键时刻为你指点迷津，还能在你春风得意的时候为你欢呼呐喊；在你沮丧失意的时候拍拍你的肩膀，为你分担忧愁。

能找到一个和你志趣相投的朋友，可谓人生的幸事，与这样的朋友交往，可以让你有一种亲切的归属感。大家彼此有共同的兴趣和爱好，这样互相的交流也没有任何的拘束和障碍，你会感到精神交流顺畅的愉悦。经常和志趣相投的朋友待在一起，可以更好地发挥自己的能力。“酒逢知己千杯少，话不投机半句多”，其实说到底就是做人做事都要讲究一个情投意合。

伙伴的质量胜于数量

“如果我们雇用一个有特别才能的人，就不得不解雇另一个人。”

乔布斯曾在一次讲话中说：“我过去常常认为一位出色的人才能顶2名

平庸的员工，现在我认为能顶50名。”乔布斯的话一点儿都不夸张，一个优秀人才的创造力、带动力以及影响力都是平庸的人无法比拟的。俗话说“近朱者赤，近墨者黑”，如果我们身边有一位非常优秀的伙伴，见贤思齐，我们或多或少都会受到他的积极影响。

乔布斯经常说，在工业设计或者编写程序方面，优秀与糟糕之间的差别非常大。因此我们看到，在乔布斯曾创立并管理的Pixar公司，每个电影都是集合了这个世界上最优秀的漫画家、作家和技术人员。“质量比数量更加重要。”乔布斯如是解释他的人才策略。

从苹果初创时，另一位创始人沃兹尼亚克为制造第一台苹果机而显示出超凡工程学技能的那些日子开始，乔布斯就相信由顶尖人才所组成的一个小团队能够做得比一个巨型团队更优秀。为此，他花费大量精力和时间打电话来寻找那些他耳闻过的最优秀的人才，以及那些他认为对于苹果各个职位最适合的人选。

如今世界上的企业正在由劳动密集型向高科技型过渡，“人多力量大”已经显得越来越不合时宜了。在如今这个分工明确、讲究效率的社会，人多不仅并不一定力量大，有时候反而会起反作用。因为人多了想法就多，管理起来非常困难，还会造成管理系统的臃肿，出现权力斗争的内耗。相比较之下，还是小型的精英团队更加适合现在的社会节奏。

乔布斯很早就认识到了这一点，在他看来，一些非常需要激情和强度的项目，只有通过聚集为数不多且有天赋的人，让他们在不受常规限制的环境中工作，如此才能做好。在适宜的环境中，在友善的竞争氛围下，小型的“精英突击队”往往能做到庞大的“正规军”做不到的事情。乔布斯认为只有在这种团队中，所有成员才能够完全释放他们的创造力和艺术天赋。在乔布斯掌权苹果的后期，苹果公司几乎所有的研发团队都是这种小型的“精英突击队”。

乔布斯规定麦金塔团队的成员不超过100人。“如果我们雇用一个有特别才能的人，就不得不解雇另一个人。”乔布斯说。因为他知道一个过于庞大的工作团队，会出现组织上的层层关卡，从而减缓一切事情运行的速度。但是他更喜欢这么说：“如果团队超过100人，我就很难记住他们的名字了。”

乔布斯之前在苹果公司见过这种现象，一个大型组织陷入重复的陷阱，太多层的批复和关卡，会阻碍交流和观点的交换，乔布斯不想重蹈覆辙，他甚至想通过麦金塔团队来证明组建精英型小团队的可行性，然后在整个公司推广。乔布斯在谈论苹果的未来时，最担心的就是随着公司规模的不断扩大，它会成为一家平庸的公司。

麦金塔团队的成员之间有着超乎寻常的友情，乔布斯将这个团队的成员与公司其余成员分隔开，使他们免受干扰。而且作为一个自给自足的独立单元，麦金塔团队有它自己的设计师、程序员、工程师、生产人员、文案人员以及广告和宣传专家。在这样一个小型团队里，成员每天可能还要工作16个小时，长时间的相处让他们每个人之间都建立起了良好、亲密的关系。

乔布斯每3个月都要为麦金塔团队举办一次产品静修会，并把它们排进了工作日程表，日程表中安排有充足的休闲和放松时间；但是商务会议要遵循相当严格的日程表，而且每个成员都要出席。这条如果放在一个庞大的团队里根本行不通。

会上每个小组的负责人都要就硬件、软件、市场、销售、财务和公关等问题，根据工作现状和时间表做一个简短的报告，并解释他们现在处于日程表的哪个阶段。如果他们的小组落后于原定安排，他们会非常坦诚地解释原因和处理所遇到的问题，并且提供一些能让自己重新赶上原定进度的想法，没有人会幸灾乐祸或是嘲笑他们。而且每个人都可以打断他们，提供一些自己认为可以帮助他们的意见。每个人都可以，与头衔或者职位没有关系。

乔布斯梦想有一天苹果的管理结构能够更精简，批准的程序能够变得更简单，在每份决议上签字的人也因此会变得更少。乔布斯理想中的苹果公司应该是这样的：任何人都可以随时走进首席执行官的办公室，并同他交流自己的想法。

作者手记

一个志同道合、志趣相投的伙伴要远远胜于5个甚至10个泛泛之交的朋友。我们在寻找伙伴时也应该参考乔布斯的招聘准则：质量胜于数量。

让你的伙伴有“存在感”

“你做什么能让我觉得我付给你工资是值得的？”

每个人都渴望有存在感，我们自身如此，我们的朋友伙伴也是如此。

再好的伙伴，如果很长时间不关心不联系，再见面也会产生疏离感。再“铁”的朋友，如果你总是对他的付出无动于衷、没有回应，也会让他感到寒心，与你渐行渐远。

让你的伙伴有“存在感”，感觉到自身的重要性，是一项非常必要并且合算的“投资”。一条关心的短信，发自内心的赞美，直言不讳地指出伙伴的过失，都能让伙伴感到“存在感”。而且你付出多少，就会得到多少，甚至更多。

乔布斯深知这一点，虽然他总是给员工非常大的压力，有时候脾气还非常暴躁，但苹果的员工流动率只有3%，是技术产业里最低的。

乔布斯总是试图为员工灌注充足的能量，以使让组织里的每个人都变得和他一样积极主动。他找到了强有力的办法，让每一位员工都确信他们的贡献对产品的成功起着至关重要的作用。

绝大多数公司都是以工资、奖金和股票期权的形式给员工提供奖励，苹果也是这样。但苹果的员工流动率只有3%，肯定有他们不同于其他公司的办法。乔布斯很擅长用多种不同的方式来赞赏和奖励员工。在他看来，钱和股票不是保持雇员高度积极性的唯一要素。

麦金塔团队藏了很多瓶香槟，每当有人感觉实现了一些很小但是很重要的目标，或是完成了一些努力尝试了很久才最终成功的事情的时候，他们就会开瓶香槟庆祝。当麦金塔团队的某个成员应当获得奖金的时候，乔布斯会将支票放在一个白色信封里，亲自走到那个雇员的工作区，亲手交给他。有一次乔布斯亲自给麦金塔团队的工程师颁发奖牌，只是为了表达他对于这位工程师努力工作的赏识。

真正的伙伴是心与心交换来的，而不是一颗心对另一颗心的敲打。如果你认为别人为你付出是理所当然的，那么你就是一个自我和自私的人，不可能收获真正意义上的友谊。真正的友谊是相互交融的，只有真心付出，才能有所收获；倘若做不到真诚地付出，那么也不可能收获到真正的友谊。

在第一代麦金塔电脑上市的时候，乔布斯想让工厂的工人知道他很赏识他们的努力。如果是其他公司的首席执行官或许会让人力资源部门印制一些证书挂在墙上，或者让工厂的经理举行一个表彰大会。乔布斯不会那样做，他亲自前往工厂，将100美元的钞票亲自发到每个工人手中，而且在发放的时候他会看着他们每个人的眼睛。这100美元根本不重要，重要的是乔布斯让每个工人都感受到了公司首席执行官对他们工作的赏识和肯定。

乔布斯经常会在苹果公司的走廊或者厂区走动，进行“走动式管理”。他会经常突然询问某个员工“你现在在做什么”或者“你有什么问题吗”，或者一些非常有挑战性的问题，如果员工的回答不能让乔布斯满意很可能会被马上解雇，比如：“你做什么能让我觉得我付给你工资是值得的？”

对于一些经常偷懒的员工来说，乔布斯的这种“微观管理”非常具有压迫性，让他们感到很不舒服。但对那些勤奋工作的员工来说，这种方法会创造一些积极情绪，会使员工感觉到：“他不仅关心产品，也同样关心我在其中所起的作用。我是伟大事业的一部分，我们一起参与其中。”

乔布斯认为，如果首执行官能够平易近人并且愿意聆听他们的心声，他们就会努力提升自己以达到领导者对他的期望。乔布斯的管理并不只有残暴的一面，否则光靠“炒鱿鱼”和训斥管理员工，他也不会被评为全球最成功的首席执行官之一。

有一次，乔布斯来到麦金塔工厂的装运区。走动视察了一会儿后，他认为产品装运得不够快或不够好。于是乔布斯又不知不觉将自己想象成了产品，并向装运工人描述作为一台麦金塔电脑，他在到达这个区域以备装运时有何感受。在所有的装运工人面前，为了想出更快更好的包装方式，他亲手完成打包和用收缩薄膜包装的全过程。大部分装运区的工作人员都目瞪口呆，因为乔布斯的方法确实能够提高装运速度。当乔布斯做完的时候，在场的人无不鼓掌欢呼。然后他们订了一些比萨和饮料，所有的人都一起为发现更好的装运方式庆祝。最终，这些改变让他设定的每27秒装运一台麦金塔电脑的目标成为可能。

在装运产品的船下水后，乔布斯还让一辆大卡车运来了100台麦金塔电脑，然后他在一个小型典礼上亲自将它们分发了出去。乔布斯喊出每个员工的名字，和他们一一握手，并表达自己的谢意。这些麦金塔电脑每台都有一块标有接受者名字的牌匾作为区分。当iPhone手机发布后，苹果公司的每个员工也都免费得到了一部。在公司工作了一年以上的兼职人员和顾问也是如此。

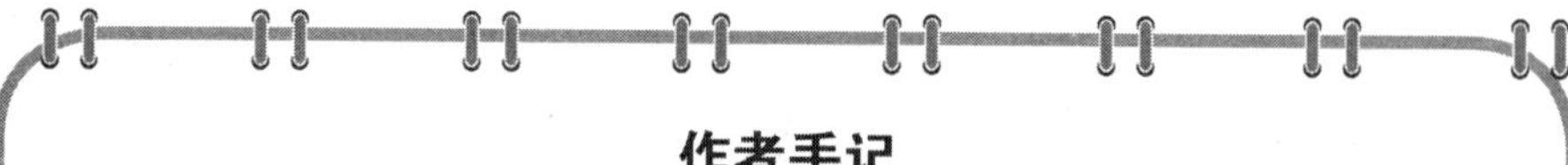

作者手记

乔布斯一直在用“我们现在所做的一切将给整个宇宙带来巨大的冲击”之类的话鼓舞员工的斗志，这让每一位员工都感到自己很重要，他们都在参与改变世界，这会极大地提高他们的积极性。

“贵人相助”是你走向成功的重要环节

“他们不诚实。我找不到一个喜欢与他们做交易的人。所有人都觉得他们是骗子。”

一个人任何成功的取得，主要凭借的一定是自身的努力。但俗话说“七分努力，三分机遇”， 有些人付出的努力和最终的结局往往不成正比。究其原因，是缺少贵人相助所致。在向事业高峰攀登的过程中，贵人相助绝对是不可缺少的一个环节。有贵人相助，可以使你尽快地取得成功，甚至可以使你飞黄腾达、扶摇直上。

苹果成立之初，资金非常紧缺。单是Apple II的制造成本他们都承担不起，更别说投放广告了。Apple II的制作成本比Apple I要多很多，差不多每台需要几百美元。而这时乔布斯和沃兹尼亚克的苹果公司连买零件的钱都拿不出来，生产不出产品，那就谈不上销售了，当然也赚不到钱。

为了解决资金问题，乔布斯一度还产生过把公司卖掉的想法。当时，计算器制造商Commodore公司有意进入新兴的计算机市场，计划收购有发展潜力的计算机公司。乔布斯得知这个消息后，立即邀请了几位Commodore公司代表来他的车库公司参观。最初几位代表对Apple II电路板表示出了浓厚的兴趣，并且对屏幕上显示的高分辨率彩色螺旋线也很赞赏，这要得益于沃兹尼亚克的技术能力。

看到Commodore公司有收购意向后，乔布斯想要趁机大赚一笔，但他错误地估计了形势。乔布斯开出的条件是这样的：Commodore公司出资10万美元现金收购苹果，并提供一定股票，同时还要支付他和沃兹尼亚克每年36000美元的年薪。对于乔布斯的这些条件，连沃兹尼亚克都看不过去了："我认为这要求有点过分。我才投入 年的人工，这样的要价有些太高。"沃兹是个厚道人，Commodore公司的代表也不是傻子，他们认为虽然苹果公司的技术比较先进，但不值这个价钱，尤其是乔布斯要求36000美元的年薪，他也不怕风大把舌头闪了。

发现自己玩砸了后，乔布斯依旧死扛着，坚决不肯降低自己的条件，双方无法达成一致意见，乔布斯甚至说："他们不诚实。我找不到一个喜欢与他们做交易的人。所有人都觉得他们是骗子。"这笔交易最终没能成功。

这件事后，乔布斯彻底打消了出售公司的想法，重新开始寻找资金支持。这时，曾经为苹果公司设计徽标的麦金纳向乔布斯介绍了自己的老板瓦伦丁。瓦伦丁是个风险投资人，乔布斯工作过的阿塔里公司就曾得到瓦伦丁的投资。乔布斯认为这是个摆脱困境的机会，他从麦金纳那里知道了瓦伦丁的联系方式后，马上就和瓦伦丁取得了联系，两人起初谈得不错。瓦伦丁便驱车来到车库基地对苹果公司进行实地考察，但当他看完沃兹尼亚克研发的最新一代苹果计算机，并听完乔布斯描述的宏伟销售计划后，瓦伦丁当即一盆冷水泼了下去，他说：“你们根本就不懂得市场营销，对未来市场的规模也没有一个明确的概念。你们这样很难开拓更广阔的市场。”这表明瓦伦丁无意于投资苹果。瓦伦丁事后打电话质问麦金纳：“你为什么要让我去见那些连人类都算不上的怪胎？”当时乔布斯和沃兹尼亚克都很邋遢，身上还有怪味。瓦伦丁后来回忆说：“那时候史蒂夫努力要成为反主流文化的化身，他留着一撮胡子，非常消瘦。”

不过，瓦伦丁临走时随口对乔布斯说可以帮他们找到一个风险投资人。

虽然瓦伦丁说要为苹果找一个风险投资人，但那是客气话，他并没有十分当真。可是乔布斯当真了，乔布斯每天都要给瓦伦丁打三四个电话，不断地询问他是否已经为苹果公司找好了风险投资人。瓦伦丁为自己当初的口无遮拦后悔不已，后来实在经不住乔布斯的电话轰炸摧残，他给乔布斯引荐了一个叫马库拉的风险投资家。

于是，乔布斯立刻马不停蹄地找到了马库拉，以极大的热忱向他介绍了还设在车库里的苹果计算机公司。后来马库拉来到车库参观，顺便与乔布斯进一步讨论合作的事情。马库拉后来回忆说：“我到车库的时候，沃兹就在工作台边，他立刻就开始展示Apple II，我没有太关心他们两个的长头发，而是被桌上的东西吸引了。头发什么时候都可以剪嘛。”乔布斯的野心和沃兹尼亚克的天赋打动了马库拉。而且，作为一个对未来市场有高度敏感的风险投资家，马库拉十分看好未来个人计算机市场。在看过苹果公司生产的Apple II的演示后，马库拉觉得机会来了。

不过，作为一个成熟的投资人，马库拉知道，虽然苹果不缺乏雄心和技术，但眼前的两个年轻人并不知道什么是真正的公司，更不知道如何发展更大的事业。当然，最重要的是，他们缺钱。

乔布斯和沃兹尼亚克有雄心和技术，缺少资金和管理能力。马库拉有钱和管理能力，缺技术，三人一拍即合。马库拉不但专门为两人上了为期15天的管理课，还筹集到了大量资金。根据他们的商业计划书，由马库拉承担融资工作，他自己投入了92000美元，又筹集到69万美元，并以自己作担保，从美洲银行贷到25万美元。100多万美元的资本，足以支持苹果憧憬未来了。

1977年1月3日，苹果电脑股份公司正式成立。马库拉把乔布斯和沃兹尼亚克的资产估价为全公司股份的2/3，而他以自己投资的9.2万美元获得了苹果公司1/3的股份。此外，他们还对职位进行了分配。由乔布斯担任董事长，马库拉出任副董事长，沃兹尼亚克担任研发的副总裁，由马库拉推荐的迈克尔·斯科特出任苹果公司首任首席执行官。

乔布斯和沃兹尼亚克一个是超级推销员，一个是超级技术员，他们两人的组合有足够的能力憧憬未来，但问题的关键是，这是两个不懂管理的穷小子。是马库拉的资金注入和他带来的规范化公司管理模式，才让苹果公司逐渐走上了正轨。可以说，马库拉是乔布斯和苹果公司最大的“贵人”。但这贵人不是自己找上门来的，是乔布斯对瓦伦丁死磨硬泡来的。

作者手记

你一定想不到吧，被众粉丝奉为“天人”的乔布斯，也曾“死皮赖脸”地去寻找贵人相助。所以，不要过分相信自己的能力，总觉得靠自己就能搞定一切。没有人能够独自成功，现在你能叫得上名来的名人、伟人，生命中一定都有过贵人相助。是贵人使他们得到机会，是贵人使他们快速成长。善于接受贵人的帮助，是他们把握历史性机遇的关键性的一步，也是他们最终成名的要素之一。

这其中的道理是容易理解的。每个人的身上，都有着走向成功的条件，而如何使这些条件发挥出来，却由你身边无数的贵人所控制。你接受了贵人的帮助，就好比一粒种子投入一块适合自己生长的土壤，充分得到土壤的滋养。

你最大的对手也是你最好的朋友

“他比以往我看到的任何时候都开心，我一直在想，他看起来真健康。”

你一定会有这样的经验，在班上你跟谁讨论问题时争吵得最凶，在成绩上跟谁竞争得最激烈，那这个人一定是最了解你的人，也是对你帮助最大的人，因为有这个人的存在，你需要时时鞭策自己，不能懈怠。为了下次在辩论中说得他哑口无言，你会研究一个问题到深夜，直到完全理解无死角；为了在下次考试中名次超过他，你会在想要偷懒的时候，脑中浮现出他获胜后得意的样子，然后马上投入到紧张的学习中。

这个人是你最大的对手，你从没想过把他当朋友，但他其实是对你帮助最大的“朋友”。如果你现在还体会不到，还解不开“敌对”的心结，那是因为你的阅历和认知程度还不够。让我们来看看两个斗了一辈子、同时也是两个“过来人”的故事吧。

乔布斯和盖茨互相斗了三十多年，友谊也维持了三十多年，虽然这“友谊”看起来有些畸形。他们看起来好像一直在指责对方，乔布斯总是在指责盖茨没品位，不要脸，是个纯粹的商人；而盖茨则一直指责乔布斯不懂技术、自负、喜怒无常。但是他们经常通电话，一起吃晚餐。

在乔布斯2011年病休之后，很多人前来探望他，包括克林顿，他们讨论了从中东到美国政治的所有事情，但是他的老对手盖茨的到来是最让乔布斯兴奋的。他和盖茨在一起待了三个多小时，只有他们两个，一起追忆过去。

“我们就像这个行业里的两个老家伙在回首过去。”乔布斯后来说，“他比以往我看到的任何时候都开心，我一直在想，他看起来真健康。”盖茨也同样惊讶于乔布斯虽然瘦骨嶙峋，却依然精力充沛。

他们讨论了些关于教育的问题，盖茨描述了他对未来学校的设想——学生们自己观看讲座和视频课程，而课堂时间用来讨论和解决问题。他们一致认为，迄今为止计算机对学校教育的影响过于微小——比对媒体、医药和法律等其他领域的影响要小得多。

他们也谈了很多关于家庭的话题，包括他们多么幸运，有很好的孩子，也娶了适合自己的女人。“我们大笑着说，他能遇到劳伦是多么的幸运，是劳伦让他保持了一半的心智健全。而我能遇到梅琳达，让我保持一半的心智健全，也很幸运。”盖茨回忆说，“我们也讨论了做我们的孩子是多么富有挑战的事情，以及我们如何能减轻他们的压力。这次谈话比较私密。”

在谈话接近尾声时，盖茨称赞乔布斯创造了“那些令人难以置信的东西”，称赞他十几年前力挽狂澜将面临破产的苹果公司拯救了出来。他们两人对于数字技术有一个最基本的理念一直处于对立状态——硬件和软件应该紧密整合还是应该更加开放。但是，那天盖茨做了让步，“我曾经相信那种开放的、横向的模式会胜出。”盖茨告诉他，“但是你证明了一体化的、垂直的模式也可以很出色。”乔布斯也承认说：“你的模式也成功了。”

但是后来盖茨在接受采访时补充道：“一体化的模式之所以成功，是因为有史蒂夫在掌舵。但那并不意味着它将在未来的多个回合中获胜。”乔布斯听后也感觉必须要加上一句：“当然，他的分散模式可行，但并没有制造出真正伟大的产品。这是问题的所在，是个大问题，至少在一段时间内是。”

即使在乔布斯生命的最后时刻，他和盖茨还是不习惯互相恭维，各自做了一点点让步之后，又开始斗嘴。在乔布斯去世后，盖茨说：“我很尊敬乔布斯，我们曾经一同工作。即使作为竞争对手，我们依然彼此鞭策。”

奥地利作家卡夫卡有一句经典名言，那就是：真正的对手会灌输给你大量的勇气。不管是现在学习，还是将来工作、创业，都不要把对手当作成功路上的绊脚石，而应当作成功的阶梯，因为他激起了我们的斗志，让我们奋起直追。当对手出现时，我们不要垂头丧气，而应感到庆幸。

第九章

正视失败

再大的挫折也不足以将我们毁灭

“挫折降临，只有用乐观的心态去和它对抗，才能看到成功的影子。”

乔布斯是一个有主见的人，是一个乐观的人。乐观的人能冷静、客观地面对挫折，他们会认真分析失败的原因，探索新的方法，只要是能够战胜的困难，他们绝不回避；如果以一己之力无法战胜或即便取胜了也得不偿失的障碍，他们会考虑其他创造性的更有利于自己发展的方法。总之，在反思失败的过程中，乐观者的能力得到进一步的提升。

要创业，就难免会遇到挫折，没有经历过挫折的创业是不完整的创业。创业中的挫折具有不可避免性，但挫折同时又具有正向和负向两种功能。它既可使人走向成熟、取得成就；也可能破坏个人的前途，关键在于你怎样面对它。

挫折是创业的组成部分，每一个人都会遇到。不是遇到这种不幸，就是遇到那种厄运；不是遇到大坎坷，就是遇到小麻烦。虽然我们不欢迎挫折，不喜欢挫折，但又总是躲避不开它。纵观古今，许多有名的企业家大都是在坎坷中磨砺过来的，人类创造文明与进步的事业，也无不经过挫折与失败。正所谓“宝剑锋从磨砺出，梅花香自苦寒来”。面对创业道路上遇到的挫折，要越挫越勇。

在世界上，没有别的东西可以替代坚韧，教育不能替代，父辈的遗产和有力者垂青也不能替代，而命运则更不能替代。依靠坚韧为资本而终获成功的年轻人，比以金钱为资本获得成功的人要多得多。人类历史上全部成功者的故事都足以说明：坚韧是克服挫折的最好药方。

世界上的一切伟大事业，都在坚韧勇毅者的掌握之中。当别人开始放弃无法再做时，他们却仍然坚定地去做。真正有着坚强毅力的人，做事时总是埋头苦干，直到成功。

许多青少年在做事的过程中，总是有始无终。在开始做事时充满热忱，但因缺乏坚韧与毅力，一遇到挫折就半途而废。如此，迎接他的将是不断的失败。青少年做事要持之以恒，永不放弃，即使是失败，也要再试一次，唯有如此，才会最终有所收获。

创业需要的是屡败屡战者，而不是半途而废者。对屡败屡战者而言，失败是成功的基础。有事做就会有困难和失败，一个人坐下或躺下不动，当然不用担心被其他东西撞倒。但如果他想做点什么，就必须站起来前进，这就会有被路上的石子绊倒或被路旁的荆棘扎伤的可能。这并没有什么大关系，因为有了这种挫折的历练，以后再走路时就会振奋起顽强的精神。即使下次再遇到别的失败与障碍，也一样和第一次那样充满激情，积极应对，从而在一次次的历练中成长、壮大，为成功打下坚实的基石。

总之，当你正视失败，并把失败看做成功的基石时，成功就会降临在你头上。所以当失败降临时，最好的办法是阻止它、克服它、扭转它。如果这些都无济于事，就做个屡败屡战的人吧，鼓足屡败屡战的勇气，设法让失败改道，变大失败为小失败，从失败中寻找成功，让成功青睐你。

所以，在遇到挫折的时候，要保持乐观的心态，坚信没有挫折可以打到自己。同时，也要像乔布斯一样，坚定不移地朝着自己的目标走下去。

作者手记

失败的人大多有失败的借口与消极的心理，快乐的人则几乎都持乐观豁达的态度。任何事情都有它的两面性，面对困境，只有保持积极的心态，才能使你迎战突如其来的挫折，不被挫折所击垮。

失败就像呼吸一样正常

"你别那么拿不就行了。"

一次小小的失败，对成人来说是微不足道的，对青少年来说可能就是一个不小的打击。每个人都渴望成功，但由于年龄小、能力有限、经历和经验缺乏以及各种因素的影响，难免会遭受失败和挫折。

生活中有很多人，他们本来拥有聪明的头脑，以前也曾是全班甚至全校的尖子生，但往往因为一次考试不理想或是老师某一句话的打击，就变得消沉起来，学习成绩下降，上课精力不集中，甚至逃学。在这种心态的影响下，这样的孩子就可能变得精神委靡，消沉慵懒，做事没劲头，完全一副颓废的模样。这种心态如果得不到调整，他的一生就只能是碌碌无为，不敢面对一点儿困难。

其实失败就像呼吸一样正常，对每个人来说都一样，不要一遇到点儿挫折就感觉天要塌下来了。这个世界上所有取得成功的人，都一定经历过比成功更多的失败。

苹果能有今天的成就，很大程度上得益于乔布斯的“睿智”决策，但乔布斯不是神，他也有过很多很多或大或小的失败，经历过很多打击。

麦金塔电脑刚发布时曾引发了一阵热潮，但到了1984年下半年，其销量就开始急剧下滑。问题是根本性的：这是一台虽然精美却运行缓慢、动力不足的电脑，再多的宣传也无法掩盖它的缺点。而且由于认为风扇会增大电脑的噪音，乔布斯固执地不给麦金塔装风扇。没有风扇散热造成了麦金塔很多的组件故障，并让麦金塔赢得了“米色烤面包机”的绰号。麦金塔电脑外形诱人，所以在发布的头几个月，销量非常好，但当人们逐渐认识到这款电脑的局限后，销量便逐渐减少。

1984年年底，丽萨电脑销量几乎为零，麦金塔的销量跌至每月10000台以下，乔布斯在绝望之下又出了一个“昏招”。他决定在库存的丽萨电脑上安装麦金塔仿真程序，并作为新产品出售，命名为“麦金塔XL”。由于丽萨电脑已经停产，且不会再投入生产，所以乔布斯是在做连自己都不看好的东西。这对于一向追求完美的乔布斯来说简直就是一大败笔。

“你是想卖一辈子糖水，还是跟我一起来改变世界？”乔布斯费尽心思花高薪从百事公司挖来了他们的部门总裁斯卡利。因为那时乔布斯认为自己太年轻，让一个成熟的人来掌管苹果公司会更好。但是后来将乔布斯扫地出门的正是斯卡利。乔布斯被自己亲手创立的公司炒了鱿鱼，开始了长达12年的漂泊。后来乔布斯谈及这段伤心的往事时说："我还能说什么？我看错了人，他把我之前耗费在苹果上的10年心血全毁了。"

离开苹果后，乔布斯又创办了一家公司NeXT，力主开发超高端、超昂贵的电脑工作站。但因为价格过高，所以产品鲜有人问津。1989年NeXT电脑开始销售时，工厂已经准备好每月生产10000台，结果这款电脑每月的销量只有大约400台，而此时乔布斯已经投入了大量资金。

iPhone4发布后，苹果公司曾一度受困"天线门"，苹果精心打造的iPhone 4变成了信号问题的"代名词"。这一事件爆发后，苹果公司官方一度没有任何说法和回应。有一个用户给乔布斯写了封邮件，抱怨说手一握住iPhone 4就导致信号剧降。没想到乔布斯居然回复了这封邮件，但是内容只有一句话："你别那么拿不就行了。"

乔布斯类似的失败还有很多很多，比如他被扫地出门后不理智地甩卖掉苹果股票，以及差点儿让他下台的苹果认股权丑闻，但是无论怎么失败，乔布斯还是东山再起了，并且使自己的事业变得比任何时候都辉煌。

作者手记

每个人在成长过程中都难免会遇到挫折和困难，在困难面前跌倒是很正常的。关键是你能够重新从挫折中站起来，不被困难所击垮。只有能够承受一次次困难和挫折的人，才能够坚持到底，取得胜利。

让每次失败都有价值

“我是我所知道的唯一一个在一年中失去2.5亿美元的人，这对我的成长很有帮助。”

一个人失败的原因很多，其中有骄傲自大、过分自满、夸海口、滥用职权，等等。总之，大体上都是因为一些小事而导致巨大的损失。韩非子曾说过：“不会被一座山压倒，却可能被一块石头绊倒。”但是，无论什么样的失败，只要你跌倒后又爬起来，跌倒的教训就会成为有益的经验，帮助你取得未来的成功。

哈佛商学院教授约翰·利特说：“20年之前，当企业主管们讨论一个高级职务的人选时，如果提到这个人32岁时就遭受惨重的失败，别的人准会附和说：‘确实如此，那可不是个好兆头。’可是在今天，当主管们讨论人选时会说：‘这太让我们担心了，因为这个人还未经历过失败。’”

失败并不一定是坏事，从一次小失败中吸取教训，可以让人避免以后遭受更大的失败。乔布斯曾经说过：“我是我所知道的唯一一个在一年中失去2.5亿美元的人，这对我的成长很有帮助。”乔布斯能够取得成功，不是因为他没有失败过，而是因为他让自己的每次失败都变得很有价值。

1983年1月19日，苹果公司发布了乔布斯领导研制的新一代电脑Lisa。Lisa是全球首款采用图形用户界面和鼠标的个人电脑。然而Lisa面市时，苹果并没有考虑到当时消费者对电脑消费的承受能力，Lisa的售价被定为9935美元，如果将美元贬值因素考虑在内，折算成当前的售价将高达20807.06美元。虽然苹果再次推出了一款超越它所处时代的产品，但过于昂贵的价格和缺少软件开发商的支持，使苹果再次失去占领市场份额的机会。

Lisa最终于1986年停产，业内人士一致认为，Lisa计算机是苹果最大的败笔之一。

这次的失败，对于苹果和乔布斯来说，有着非比寻常的意义。乔布斯认真地反省了失败的原因，从中吸取了教训，这也成为了12年后他带领苹果东山再起的重要砝码。

1998年，iMac肩负着苹果公司的希望，寄托着乔布斯振兴苹果的梦想，呈现在世人面前。事实证明，iMac没让乔布斯失望，它的出现重新点燃了苹果再度辉煌的希望。iMac成了当年最热门的话题。1998年12月，iMac荣获《时代》杂志“1998年最佳电脑”称号，并名列“1998年度全球十大工业设计”第三名。

1999年，苹果公司为了乘胜追击，又推出了第二代iMac，有红、黄、蓝、绿、紫5种水果颜色的款式供消费者选择，一面市就引发了新一轮的抢购热潮。

iMac对苹果复兴的重要性不言而喻，但iMac成功有很大一部分原因是因为乔布斯吸取了Lisa失败的教训，甚至可以这么说，是“失败的Lisa”挽救了苹果。

作者手记

富勒说过："人类的一切学习，都是来自不断错误的经验，也就是从错误中学习。"这句话说得很对，我们的确是从自己的失败、错误中得到经验，有时候也从他人的错误中学习。

你可曾遭遇严重挫败？或为自己所犯的错误过分自责？你可曾劳而无获？你是否因为希望破灭而心情沉重？可曾冒险犯难，结果彻底失败？以上这些情形，都不应妨碍你达到最后的目标。失败正如冒险和胜利一般，是生命中必然具备的一部分。伟大的成功通常都是在无数次的痛苦失败之后才得到的。

失败丈量你的内在力量

"这件事情如果发生在几年前，我可能不会像现在这样平静，因为现在我已经了解到事情并不是永远朝着我们想要的方向发展的，我们也不可能总是得到我们想要得到的东西。"

每个人的一生都会面临无数失败，而杰出者和庸人的区别就在于如何面对失败。那些内在力量强大的人，能够通过各种方法排解失落感和挫败感，很快又神采奕奕地投入到新的征程，这样的人总有一天会取得成功。有的人在遭遇失败后只会怨天尤人、自暴自弃，感叹命运对自己的不公，这样的人内心过于脆弱，一生只能与失败为伍，因为他根本没有开始下一段征程的勇气。

乔布斯被赶出苹果公司后，有一段时间把自己关在家里，把来电转到答录机上，回避媒体的采访和追问，只和家人及少数朋友有交流。乔布斯用自己的方式修复受伤的心灵——聆听音乐，并从中找到力量。乔布斯最喜欢听鲍勃·迪伦的歌曲，迪伦的磁带一放就是好几个小时不停，尤其是《时代在变》。之后，在乔布斯向苹果公司的股东揭开麦金塔的面纱时，朗诵了这首歌的第二段歌词，歌词的结尾很棒："现在的失败者，会成为以后的赢家……"

鲍勃· 迪伦的歌曲成了乔布斯最好的疗伤药，歌曲表达的忧伤情怀是乔布斯当时的写照，但同时歌曲也表达了的对未来的渴望，激励着乔布斯走出阴霾。

后来乔布斯去了欧洲，先是去了法国，参加了美国副总统乔治·H.W.布什的晚宴。不久，他又从法国直接去了意大利，和女友在托斯卡纳的山间开车兜风。乔布斯还买了一辆自行车和睡袋，可以自己一个人骑着出去玩，晚上就在果园里野营。在佛罗伦萨，乔布斯沉浸在当地的建筑和建筑材料的质地中。尤为难忘的是铺路石，它们都来自托斯卡纳小镇附近费伦佐拉的一家采石场。这些石头有着沉静的蓝灰色，颜色饱满悦目。20年后，大部分大型苹果零售店的地面都是用这家采石场的砂岩铺设的。

乔布斯曾对朋友说："这件事情如果发生在几年前，我可能不会像现在这样平静，因为现在我已经了解到事情并不是永远朝着我们想要的方向发展的，我们也不可能总是得到我们想要得到的东西。"乔布斯还很欣赏滚石乐队一首歌的歌词：你不可能总是得到你想要的，但有时候你可以得到你需要的。

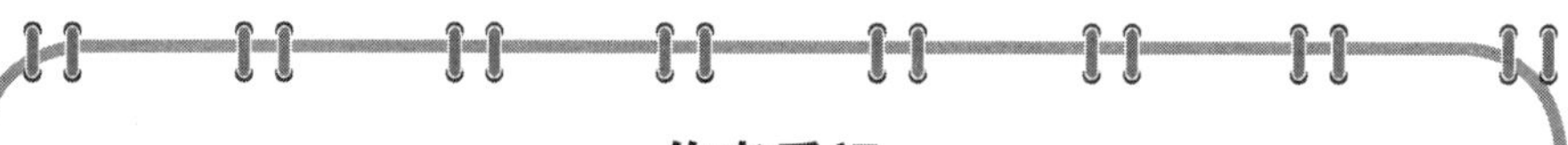

作者手记

失败是对一个人人格的考验。在一个人除了自己的生命以外，一切都已丧失的情况下，内在的力量到底还有多少？没有勇气继续奋斗的人，自认失败的人，那么他所有的能力便会全部消失。只有毫无畏惧、勇往直前、永不放弃人生责任的人，才会在自己的生命里有伟大的进展。

铁，要经过千锤百炼才能成钢；一个普通的人，要经过千锤百炼才能成为一个成功者、胜利者。在他奋斗进取的过程中，每一次失败就是一次锤炼。一个普通的人，身上有很多的缺陷、弱点和短处，带着这些毛病，他是不可能成为一个胜利者、成功者的。只有在失败的痛苦磨炼中，人们才肯丢掉这些毛病，从而获得最后的成功。

在失败中坚持

“挫折就像一块石头，对弱者来说是绊脚石，使你停步不前，对强者来说却是垫脚石，它会让你站得更高。”

当你定下了一个目标，并决定为之奋斗后，事情绝不会如你一开始想象得那般一帆风顺，考验和挫折是在所难免的，只要你认定自己走的路是正确的，就应该在屡次的挫折和失败中选择坚持，熬过这“九九八十一难”后，才能取得最后的“真经”。

苹果在20世纪80年代中期的一蹶不振，并不是因为产品质量问题，也不是技术上的落后，而是产品战略的原因。自从1981年IBM进入个人计算机市场后，就顺应了美国政府提出的反垄断指控，开放了IBM个人计算机的标准，这个标准也成为整个行业的圭臬。很多诸如惠普、康柏和戴尔之类的电脑公司，都选择以IBM个人计算机的标准生产计算机。但苹果公司却拒绝其他公司的跟进，没有开放技术标准，以至于市场上所有的技术几乎都不能在苹果电脑上使用。

如果最初苹果及时开放技术标准，将自身的技术标准变为行业标准，那么IBM就只能跟在苹果后面，生产与苹果相兼容的计算机。那样的话，苹果就会取代IBM，成为个人计算机商用化过程中的最大赢家。但苹果的自我封闭，给了IBM一个最好的超越机会。

IBM不仅公布了自己的技术标准，还与其他厂商合作，共同生产IBM个人计算机。IBM个人计算机采用的是英特尔的微处理器，运行的是微软的操作系统，电脑上的零部件也很容易被替换。这条产业链上的所有企业都可以在发展中赚到钱。

与IBM相反，苹果却控制了所有硬件。从一开始，苹果就走上了一条全封闭的道路，所有的硬件产品都是由他们自己研发。为了不让苹果产品插上其他厂商的设备，乔布斯甚至在研发Macintosh的时候，使用了一种特别的螺丝锁住机箱，普通螺丝刀根本无法打开。在软件领域，苹果同样采取了“封闭”的发展模式，以至于美国《时代》周刊不得不发出这样的抱怨："为什么不能在戴尔电脑上运行MAC OS X？好像回到了极权时代。"

这种全封闭的发展模式被普遍认为是苹果错误的开始。苹果电脑上的所有配件都不能与市场上的其他产品兼容，这使得苹果的技术更新十分困难，软件开发速度缓慢。尽管苹果电脑的技术和应用程序优于IBM，但在日后的升级中，却逐渐落后。而IBM凭借其开放性，迅速有数千种软件程序可供选择安装。当用户需要某一种应用程序时，却发现苹果的软件中根本没有，也无法将市场上其他产品在苹果电脑上运行，用户对苹果产品的需求自然会下降。

在苹果与微软以及IBM的较量中，"IBM+微软"的模式取得了胜利。这使得IBM发展成为全球最大的个人计算机供应商。而微软凭借其在操作系统中的垄断地位，更是发展迅猛，一跃成为全球最有价值的科技公司。

虽然在市场竞争中遭遇惨败，但苹果的战略一直没有改变。乔布斯坚持全封闭的产品模式，苹果历史上所有的成功产品都是在封闭的设计理念下完成的。在乔布斯看来，只有封闭才能让苹果的产品趋于完美。在苹果推出笔记本时，乔布斯这样介绍："在最新的苹果笔记本电脑上，用户甚至不能更换电池。"

苹果的坚持换来了回报，他们并没有在各大厂商的夹击中"死去"，而是像凤凰一样获得了重生。曾经是全球最大个人计算机供应商的IBM因为遭遇严重亏损，不得不在2004年年底，将自己的台式电脑和笔记本业务出售给了联想，自身转型为IT服务商，不再是苹果的对手。微软也正在面临自创业以来的瓶颈，丢掉了全球最具价值科技公司的头衔，在公司的未来发展上也是举棋不定。

恒心是实现目标过程中必不可少的条件，一个人的恒心和内心的梦想结合以后，就会产生百折不挠的巨大力量。很多人的失败并不是因为自己能力不济，而是败在自己意志力不强。要知道，很多情况下，成功与失败只是一步之遥。

按正常标准来说，皮克斯失败了9次。但乔布斯并不当一回事儿，依然坚持投资。有一段时间，他曾想把皮克斯卖出去，并为此努力了一阵，但他更想收回自己在皮克斯身上投资的5000万美元。

1995年，皮克斯在纽约上市，开盘价为每股12~14美元。但短短的半个小时后，皮克斯的股价就涨到了49美元。这意味着乔布斯瞬间拥有了15亿美元的身价，他的坚持获得了成功。

此前，皮克斯尽管已经陷入了危机，亏损赤字高达4700万美元，但乔布斯仍硬挺着不断向皮克斯投资。为此，乔布斯付出了自己大半资本。期间，乔布斯也曾想将皮克斯卖掉，但乔布斯总想得到一个更好的出价，以至于皮克斯迟迟没有卖掉。但没想到的是，乔布斯的这种“傻坚持”反倒换来了成功。

一个意志坚定的男人是最有魅力的，也是最接近成功的。切记不要朝三暮四，有了目标就坚定不移地走下去，功到自然成。成功之前难免有失败，然而只要能克服这些折磨，坚持不懈地努力，那么，折磨之后，你就会看到成功。

有个记者访问一位500强的优秀员工：“为什么你在事业上经历了如此多的艰难和阻力，却从不放弃呢？”这位员工回答道：“你观察过一个正在凿石的石匠吗？他在石块的同一位置上恐怕已敲过了一百次，却毫无动静。但是就在那第一百零一次的时候，石头突然裂成两块。并不是这第一百零一下使石头裂开，而是先前敲的那一百下。”

作者手记

水烧到99度的时候可能还没有开，这时候如果你绝望了，不愿意再等待了，那么就很容易在几秒钟的差距里与成功擦肩而过。在绝望的时候，一定要学会多点耐心，再等待一下，再努力一下。

著名作家奥斯特洛夫斯基说得好：“人的生命似洪水在奔腾，不遇着岛屿和暗礁，难以激起美丽的浪花。”如果我们在挫折面前是勇敢进击，那么人生就会是一个缤纷多彩的世界。

人生从来就没有真正的绝境，不服输的人才有希望。如果你始终在绝望的边缘徘徊，请别放弃，再为自己加一加油，说不定这最后的临门一脚能为你创造奇迹。要相信，你不会一直倒霉。

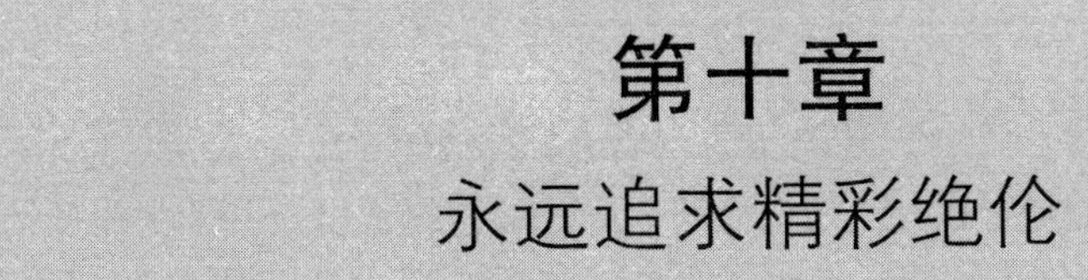

第十章

永远追求精彩绝伦

有一颗追求完美的心

“你们慢慢调吧，直到调好为止。”

有一位哲学家说过：“人无法做得十全十美，但是只要努力可以做到完美。”

没有一个人可以在每一介领域中都成为世界第一，可是每一个人都可以找到他喜欢的那个领域成为世界最顶尖。只有追求完美，才能有最好的结果。

你们是否会用“没有什么是完美的”来敷衍自己，总是不肯把事情做得尽善尽美，只用“足够了”、“差不多”来敷衍了事。只要有了这样的想法，就会导致你不关注细节。其实，很多时候，草率和马虎所造成的祸患与半途而废不相上下。差不多有时会差很多，无论是相差0.1毫米还是0.1秒，都是毫厘之差，天壤之别！

同样，如果乔布斯不是一个事事追求完美的人，我们现在也不会用上如此棒的苹果产品，苹果也不会成为世界上市值最高的企业。

跟前辈Mac团队一样，iMac团队也是紧赶慢赶在发布会的前一刻完工了。但是还有乔布斯在最后等着他们，乔布斯有在产品发布会前“大修”

的习惯。在一次发布会预演中，苹果硬件总工程师鲁宾斯坦赶制了两台样机。在此之前，包括乔布斯在内，所有人都没有见过最后的成品。乔布斯在台上仔细观察样机，每一个细节都不放过，就像一个母亲在看自己刚出生的孩子。在机器的前方，显示屏的下方有一个按钮，乔布斯发现了它，并且按了一下。CD托盘弹了出来。“这是什么鬼东西？！”乔布斯明知那是CD托盘，但他的表现就像突然看到一坨狗屎一样，一点儿都不客气。“我们谁都没有说话。”现在苹果公司的营销副总裁席勒回忆说，“因为他当然知道那个是CD托盘。”乔布斯不停地责骂，他坚持认为这原本应该是一个干净利落的CD插槽，就像高档汽车里用的那种优雅的吸入式光驱。盛怒之下，他还把席勒赶出了演讲厅。席勒于是向鲁宾斯坦求救。“史蒂夫，这就是当时我们讨论组件时我向你展示的光驱。”鲁宾斯坦硬着头皮解释说。“不，从来就没有托盘，只有一个插槽。”乔布斯坚持说。鲁宾斯坦没有让步，乔布斯正在气头上，更不可能让步。“我当时几乎要哭出来了，因为要做任何改变都为时已晚。” 乔布斯后来回忆道。

他们停止了预演，大家都以为乔布斯要取消整个产品发布会了。席勒回忆说：“这是我和乔布斯合作的第一个产品发布会，我也第一次明白了他的心态：如果有什么不对劲儿就干脆取消。”最终，他们达成了共识——在下一代iMac中把托盘变成插槽。“只有确定了我们将尽快生产插槽式光驱，我才可以放心地筹备发布会。”说到这里，乔布斯已经眼含泪水。

苹果公司的首席执行官，全球最成功的首席执行官之一，史蒂夫·乔布斯，因为将要发布的电脑有CD托盘，竟然急哭了。这种追求完美的精神，不仅仅让人感动和敬佩，更是震撼。

除了预演发布会外，负责广告的李·克劳正在准备一系列彩色的杂志广告。他将一些排版后的打样发给了乔布斯，但是很快便接到了乔布斯怒气冲冲的电话。乔布斯坚持认为广告中的蓝色和他们挑出来的iMac照片上的蓝色不一致。“你们这帮家伙不知道自己在干什么，”乔布斯嚷道，“我要另找别人做这个广告，因为你们把它给毁了。”克劳根本不吃他这一套：“你再去比比看。”当时乔布斯根本不在办公室里，没法比较，但他一直坚称自己是对的，而且不停地嚷。最后，克劳让他冷静地坐下来，再对比一下原始的照片。“我最终向他证明了这个蓝色就是他要的那个蓝色。”克劳说。几年之后，在Gawker网的“史蒂夫·乔布斯讨论区”里冒出来一个帖子，发帖人曾经在加州帕洛奥图的全食超市（Whole Foods）工作，这家超市离乔布斯的住宅只隔了几条街。帖子的内容是这样的：一天下午，我正在整理购物车，看到一辆银色的奔驰停在残疾人停车位上。史蒂夫·乔布斯正在车里对着他的车载电话大喊大叫。当时正值第一代iMac发布之前，所以我肯定没有听错，他在大喊：“不够蓝！！！”

在乔布斯看来，产品发布会就像一场演出，而不仅仅是单纯的产品介绍。所以他总会绞尽脑汁，希望揭幕的那一刻充满戏剧性，让人印象深刻。就在上次的预演因为CD托盘事件而中止之后，他又预演了好几次，以确保在正式发布会上达到他预期的效果。他一次次地演练那个高潮时刻——他走到舞台另一边，揭开遮布，然后骄傲地宣布：“向新的iMac问好吧。”这一刻，他希望舞台灯光能把iMac的半透明效果衬托得栩栩如生，但是在几次预演之后，他仍然不满意。1984年Mac电脑发布会预演时，也不曾出现过这么一幕。当时乔布斯要求把灯光再调亮一些，而且开得再早一些，但是他对实际效果始终不满意。最后他走下舞台，坐在观众席正中央的位子上，把两条腿搭在前排的椅背上，做出一副什么事都与我无关的样子，说："你们慢慢调吧，直到调好为止。"工作人员又尝试了一次。"不对，不对。"乔布斯抱怨道，"这根本不行。"又试了一次，这次灯光的亮度够了，但出现得稍晚。"我已经懒得再说你们了。"乔布斯继续发表不满。最后，Mac终于在灯光下闪亮登场。"对了！就是这样！非常好！"乔布斯蹦了起来，兴奋地大叫。

作者手记

乔布斯从不凑合，只要跟他心里想的不一样，他就要发表不满，然后不断地调试甚至推倒重来，直到达到他心目中的完美标准。

要做好一件事，完成一个产品，99%的努力是不够的。一点儿差错，一点儿疏忽，一点儿马虎都不能允许。任何时候都要求100%的完美。

每个人都应该有一颗疯狂追求完美的心，只有这样，普通人才能挖掘出自己惊人的潜力。一个人因为热爱最完美的东西，才会追求极致，哪怕一般好都会不满意。懂得这一点，我们就可能憎恨以往的一知半解、三心二意，于是我们的心中就会点燃起追求完美的热情火焰。

将卓越变成你的特质

“我们需要做的是尽可能把每一件事都做到完美，而不是差不多就罢了。”

其实，平庸和卓越只有一线之隔。“超越平庸，选择卓越，力争完美。”这是一句值得我们每个人一生追求的格言，也是每个人应具有的人生态度。乔布斯就是这样一个对卓越无比钟情的人。

乔布斯的完美主义体现在“苹果”每一件新产品的研发过程中。在“苹果”曾经负责MacOS人机界面设计小组的柯戴尔·瑞茨拉夫认为，将丑陋的旧界面装在优雅的新系统上简直是个耻辱，于是他很快便让手下的设计师做出了一套新界面的设计方案。新界面尤其发挥了NeXTstep操作系统强大的图形和动画功能，但是当时已经没有时间去将这个新界面植入MacOSX了。

后来，苹果所有参与OSX的研发团队在公司之外召开了会议。会上，人们开始怀疑如此庞大的新系统能否完成。当最后一个发言的瑞茨拉夫演示完新界面的设计方案后，房间里响起了笑声。瑞茨拉夫回忆道：“我们不可能再重新做界面了。这让我非常沮丧。”两周后，瑞茨拉夫接到乔布斯助手的电话，乔布斯想看一眼瑞茨拉夫的设计方案。这个时期，乔布斯还在进行他对所有产品团队的调研。瑞茨拉夫和手下的设计师们在一个会议室里等着乔布斯出现，但他一露面，脱口而出的便是：“一群菜鸟！”“你们就是设计MacOS的人吧？”一向以追求完美著称的乔布斯生气地问道，他们怯怯地点头称是。“好嘛，真是一群白痴。”乔布斯一口气指出了他对于老版Mac界面的种种不满。乔布斯尤其讨厌的是，打开窗口和文件夹竟然有8种不同的方法。“其问题就在于，窗口实在太多了。”瑞茨拉夫说。

乔布斯、瑞茨拉夫和设计师们就Mac界面如何翻新的问题进行了深入讨论，直到设计师们把新界面的设计方案展示给了乔布斯，会议才算结束。“把这些东西做出来给我看。”乔布斯下了指令。设计小组夜以继日地工作了3个星期来创建软件原型。

“我们知道这个工作正处于生死边缘，我们非常着急。”瑞茨拉夫说，“后来，乔布斯亲自来到我们办公室，和我们待了整整一下午。从那之后，事情就很清楚了，OSX将有个全新的用户界面。”乔布斯对他曾经跟瑞茨拉夫说的一句话依然印象深刻：“这是我目前在‘苹果’所看到的第一例智商超过三位数的成果。”至今为止，瑞茨拉夫仍对于这句赞扬欣喜不已。对于乔布斯而言，他要是说你的智商超过100，这就是对你相当大的夸奖。

就是这样，乔布斯时刻都不忘记在工作中追求卓越，他甚至把卓越当成了自己的特质。这样的特质，对于一个企业来说，是非常重要的。而对于一个人来说，也是非常重要的。

商业社会中，到处都充满了竞争，充满了挑战。一个企业，若想在波涛汹涌的商潮中获得成功，就必须有奋斗的精神。而企业的前进离不开员工的努力，只有在员工的推动下，企业才能向前发展。因此作为一名企业的员工，不能甘于平庸，必须充分发挥自己的能力，追求卓越，实现自己的价值。

韦尔奇曾告诫通用的员工：“如果通用电气不能让你改变窝囊的感

觉，那你就该离开这里。”通用电气要求每个员工都不能甘于平庸。为了鼓励员工提升自己，通用电气把员工分成三类：前面业绩最好的占20%，中间业绩良好的占70%和最后面业绩较差的占10%。在通用，最好的20%的员工必须在精神和物质上受到爱惜、培养和奖赏，因为他们是创造奇迹的人。最好的20%和中间的70%并不是一成不变的，人们总是在这两类之间不断地流动，但是，“依照我们的经验，最后的那10%往往不会有什么变化。一个把未来寄托在人才上的公司必须清除那最后的10%，而且每年都要清除这些人——以不断提高业绩水平，提高员工的素质。通用的领导者必须懂得，他们一定要鼓舞、激励并奖赏最好的20%，还要给业绩良好的70%打气加油，让他们不断进步。不仅如此，通用的领导者还必须下定决心，永远以人道的方式，换掉那最后10%，并且每年都要这样做。只有如此，真正的精英才会产生，企业才会兴盛。”

所以，追求卓越的人最受企业的青睐，因为这样的员工不会沮丧，永远充满朝气，工作起来劲头十足。日本的松下幸之助有一次发表讲话时说：“看到员工努力向上的情景，我感到非常欣慰。在这令人忧患的时代，本公司能很快从战争所带来的混乱中站起来，迈向复兴，就是因为我们比任何创业者都更能争取上进。我认为人人必须不甘于平庸，努力向上，才能创造出佳绩。”

在追求卓越的过程中，总是会伴随着冒险的。有些员工因为害怕受到挫折，就甘于平庸，不求进取，却不知道甘于平庸实际上就是挫折，而且是最可怕的挫折。“幸运总爱光临勇敢拼搏的人”，不甘于平庸所表现出来的正是一种勇气和魄力。

实际上，追求卓越，并不总会遭遇失败和挫折，相反常常是与收获结伴而行的。有想法才有行动，有行动才能够成功。要想有卓越的成就就要像乔布斯一样把卓越当成自己的特质，既有成功的欲望，又有敢于成功的行动，这才是奋发有为的好员工。

然而，需要谨记的是，追求卓越并不是一味蛮干，它不仅需要有冒风险的勇气和胆略，还需要理智地思考和智慧地选择，需要他人的协助。不能够单凭感觉和运气一意孤行，否则，事情很有可能朝着不利于自己的方向发展。

作者手记

要么卓越，要么出局，这不仅仅是商业成功的普遍法则，在生活中同样也是如此。对于青少年来说，只有做到卓越，才能掌握自己的命运。

用一块漂亮的木头去做背板，即使没人看见

"如果你是个木匠，你要做一个漂亮的衣柜，你不会用胶合板做背板，虽然这一块是靠着墙的，没人会看见。你自己知道它就在那儿，所以你会用一块漂亮的木头去做背板。如果你想晚上睡得安稳的话，就要保证外观和质量都足够好。"

乔布斯追求完美不是投机取巧，也不是为了迎合人们的这种心态，他

是一个习惯性完美主义者，不管别人看不看得到，只要他自己能看到，就要追求完美，否则睡觉都不会安稳。

充满激情的工艺就是要确保即使是隐藏的部分也要被做得很漂亮，这是乔布斯从父亲身上学到的理念。麦金塔电脑的电路板上是芯片和其他部件，深藏于电脑内部，没有哪个用户能看到，但乔布斯还是要从美学的角度去评判它："那个部分做得很漂亮，但是，看看这些存储芯片，真难看，这些线靠得太近了。"

一名刚加入苹果的工程师还不了解乔布斯的脾气，打断他说："只要机器能运行起来就行，没人会去看电路板的。"

乔布斯的回答跟往常一样："我想要它尽可能好看一点，就算它是在机箱里面的。优秀的木匠不会用劣质木板去做柜子的背板，即使没人会看到。"

几年后，在麦金塔上市后的一次访谈中，乔布斯再次提到了父亲灌输给他的这一理念："如果你是个木匠，你要做一个漂亮的衣柜，你不会用胶合板做背板，虽然这一块是靠着墙的，没人会看见。你自己知道它就在那儿，所以你会用一块漂亮的木头去做背板。如果你想晚上睡得安稳的话，就要保证外观和质量都足够好。"

乔布斯还将父亲的理念进一步延伸，除了要关心隐藏部分的美观外，漂亮的产品包装和展示也同样重要。所以乔布斯为麦金塔的包装选择了全彩设计，并且不断进行改善。阿兰·罗斯曼是麦金塔团队成员之一，他后来回忆说："他让大家重做了50次。用户一打开包装，这些东西就会被扔进垃圾箱，但他还是执着于包装的样式。"在罗斯曼看来，这样做有些本末倒置：一方面大把的钱被花在昂贵的包装上，另一方面他们要在存储芯片上尽量压缩成本。

但乔布斯不会管这些，他要让麦金塔在性能和外观上都给人以惊艳的感觉。在他的视野范围内，有一点点不满意的地方都会让他浑身不舒服。

类似的故事还有我们大家都熟知的自由女神像。

1886年，为了纪念具有强烈自由精神的美利坚合众国成立，法国政府送给美国一座雕刻了10年、高约46米的自由女神像。女神的外貌设计源于雕塑家的母亲，高举火炬的右手则以雕塑家妻子的手臂为蓝本。这座自由女神像象征着美国人民的自由精神。直至今日，这座雕像依然是美国最具代表性的景观之一。而且随着时代的发展，自由女神像历经沧桑，它几乎已经成为全球所有为自由而奋斗的人心目中神圣的向往。人们怀着这种神圣的向往，从四面八方涌来，为的就是一睹自由女神的风采。

在雕像耸立于美国自由广场的100多年以后，有一位画家和朋友一起乘坐一架私人小飞机飞到了距离地面约三百英尺的高空，画家和他的朋友已经清楚地看到了自由女神像头部的所有细节：一缕缕飘逸而韧性十足的头发，丰富的脸部表情，额头、鼻翼两侧还有耳廓边的每一个线条，以及坚定地盯着前方、充满火热激情的眼睛……所有的一切都被雕塑家表现得栩栩如生。这位画家素以对作品无比挑剔和苛刻著称，但是看到眼前美轮美奂的自由女神像，他也不由得赞叹，简直是巧夺天工。

在一个多世纪以前，这位雕塑家用自己的双手一刀一锉地刻出每一个完美的细节，即使是最细微、最不可能为人所注意的部位也没有丝毫马虎，他甚至不考虑自己精心雕刻的某些细节可能人们永远都不会看到。但他始终没有放松对自己的要求，在巨大的自由女神像上一刀一刀地刻着，在他眼中只有手中的刀锉和刀锉下的完美细节。也正是因为雕塑家鬼斧神工的雕刻技术以及他对于完美细节的不懈追求，巨大的自由女神像才以近乎完美的形象展现在人们面前，同时展现在人们眼前的还有雕塑家的精巧技艺及其通过每一个细节向人们传递的自由精神。

这位自由女神像的雕塑者就是弗雷德里克·奥古斯塔·巴托尔迪。他的名字将和自由女神像一样流传千古，他向人们传递的自由精神也将会被千年万代的人所传承。

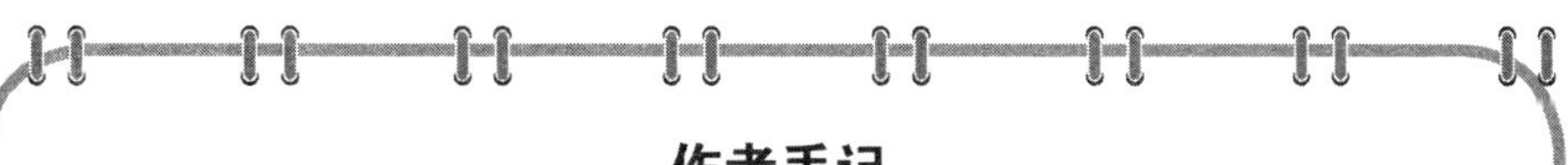

作者手记

乔布斯因为处处追求完美，所以苹果公司生产出了令全世界疯狂的产品；弗雷德里克因为坚持刻下了当时根本不可能被人们看到的自由女神像的头发，所以声名远播。你如果想要将来成就一番事业，必须要学习他们这种做事认真、追求完美的品质。

不是第一，就是陪衬

“我们没有机会去做那么多事，而且每个人都应该极其优秀才行。因为这就是我们的生活。”

如果有人问你：“世界上最高的山峰是哪一座？”相信你会毫不犹

豫地回答："珠穆朗玛峰。"但是如果继续问世界上第二高的山峰是哪一座，估计你就回答不出来。"谁是第一个登上月球的人？"相信你一定知道是"阿姆斯特朗"，但是有多少人会记得历史上第二个登上月球的人？尽管第二个人只比阿姆斯特朗晚了几分钟，但是就是这区区几分钟，让历史永远铭记了阿姆斯特朗这个名字，而另外一个人的名字几乎被人遗忘。

虽然这样说有些片面，但有些时候，这个世界就是这样，人们只会记住那些最优秀的人、拿第一的人，哪怕第二只比第一差一点点，然而，不是第一，就是陪衬。

乔布斯就是一个凡事尽可能追求第一的人。在他看来，除了完美的产品，其他的都是垃圾，他的眼里没有妥协和缓冲带。

乔布斯在2008年接受媒体采访时说："我们没有机会去做那么多事，而且每个人都应该极其优秀才行。因为这就是我们的生活。人生苦短，你总有一天会离开人世，对吧？因此，这就是我们为我们的一生作出的选择。我们可以在日本的某个寺庙里打坐，我们可以出海远航，（高级经理团队中的）某些人可以去打高尔夫球，他们可以管理其他公司，而我们都选择用我们的一生做这件事。因此，最好把它干得漂亮些。"

在许多重大的项目上，乔布斯都会在接近尾声的时候叫停，要求作出重大修改，对于《玩具总动员1》和苹果零售店都是这样，后来的iPhone也没有幸免。iPhone最初的设计是将玻璃屏幕嵌入铝合金外壳。一个周一的早晨，乔布斯突然走到苹果的首席设计师艾弗跟前说："我昨晚一夜没睡，因为我意识到我就是不喜欢这个设计。”这是自麦金塔后乔布斯最重要的产品，可他就是看不顺眼。

iPhone的重点是屏幕显示，他们当时的设计是金属外壳和屏幕并重，这让整个手机感觉过于男性化，太注重效能。乔布斯跟艾弗的团队说：“伙计们，在过去9个月你们为了这个设计拼死拼活，恨不得杀了自己，但是我们要改掉它。我们要没日没夜没有周末地工作。如果你们愿意，我现在就给你们发几把枪，把我们全干掉。”乔布斯说完后，团队成员并没有迟疑，都同意修改。“这是我在苹果最值得骄傲的时刻之一。”乔布斯后来回忆说。

新的设计出来了，手机的正面完全是金刚玻璃，一直延伸到边缘，与薄薄的不锈钢斜边相连接。手机的每个零件看起来都是为了屏幕而服务。新设计出来的iPhone外观简朴而亲切，让人忍不住想要抚摸。但是这也意味着必须重新设计制作手机内部的电路板、天线和处理器，乔布斯认可了这种改动后，iPhone团队成员又从头开始进行手机内部的改动。“其他公司做了这么长时间可能都已经发货了，”苹果的工程师法德尔说，“但是我们按下了复位键，重新来过。”

这就是乔布斯，不仅要创造出产品，还要创造出最优秀的产品。就是凭借这样一种精神，乔布斯的苹果产品才能像明星一样拥有全世界数亿的粉丝，有着那么多的追捧者，因为它带给人们的是一种高品质的近距离接触，是一种一步到位的最优享受。

追求高品质、高标准是一种态度，这种态度决定了一个人成功的高度。

乔布斯说，做第一名是他一生为之努力的目标。即使在非常贫寒的岁月里，他也一刻不停地追寻、坚持着自己的梦想。他经常用这样一句话来鼓励自己：对我来说，第二名跟最后一名没有什么两样。

1989年，动画短片《锡铁小兵》赢得了奥斯卡最佳动画短片奖、第三届洛杉矶国际动画节一等奖以及美国电影协会蓝带奖。

奥斯卡电影奖中其中一个创始人曾深有感触地说："他们能够把奥斯卡金像奖颁发给电脑动画短片《锡铁小兵》，这是有史以来第一次把这一奖项颁发给完全使用电脑制作动画电影的制作人。"

可是，在制作这个短片的时候，乔布斯做了很长时间的思考。当时，皮克斯公司指派15～20人参与动画片的制作，制作时间会在一个月左右。这对乔布斯来说要在这个动画片上投资10万美元。乔布斯一直在思考怎么样能将这个项目利益最大化。最后，乔布斯要求看"情节串联图板"（Storyboards）。这个图板是用来描述正在被推出或者是正在制作的电影、卡通片、电视剧或者广告中的连续画面情节、行为、人物的一个挂板。皮克斯公司的员工约翰·拉塞特以一流的技术制作了情节串联图板。这个图板不仅看起来很有美感，而且还能激起人们的情感。乔布斯被打动了。他觉得一个能打动人心的动画短片就像是一个活的生命，这样的作品才能拿到第一名。

皮克斯公司的员工比尔·亚当斯说："如果他不同意划拨资金，《锡铁小兵》也是不可能制作出来的。而如果没有《锡铁小兵》，也不可能拿到奥斯卡那么多大奖。"

作者手记

第一名和第二名差距很大。“第一”永远闪耀着令人羡慕的光环，表面上看和第一相差无几的“第二名”，与默默无闻者没用本质上的差别。

这就好比两个准备爬山的人，第一个立志要爬到山顶，第二个人说我要享受生活，爬到半山腰就好。

结果多半是立誓爬到半山腰的人愿望能实现，而第一个人的愿望有两种可能：第一，他没有达到他的目的地——山顶，但他最终所处的位置一定比第二个人高；第二，他如愿以偿地站在最高峰。无论是哪种结果，成就大的永远是立志到达山顶的那个人。

每个人都可以追求艺术

“真正的艺术家会在作品上签上名字。”

说到艺术，人们或许立即就会想起凡·高，想起毕加索，仿佛艺术就是他们这些人的专利似的。其实不然。艺术无处不在，无时不有，在我们生活的每一个角落都存在着艺术。只要我们能够用心观察自己的生活，积极思考，在平凡的生活中充分发挥自己的创造力，那么我们每个人都可以生产艺术，在我们的学习、生活和工作的各个方面都可能迸发出艺术的火花。

艺术无处不在，但艺术也没那么好“生产”。一件手工制品，如果你只是按照指导老师的要求做好，那它只能被称为一件“手工制品”；如果你用制作艺术品的规格来要求自己，每一个细节都精益求精，并且赋予自己的灵性和创造力，那么你就生产了一件非常棒的艺术品，不管别人怎么评价，至少对你来说是件艺术品。

乔布斯是一个崇尚艺术的人，即使做的是电子产品，他也希望自己做出来的东西可以放进艺术品展览馆。不仅如此，乔布斯还一直试图用自己的精神影响身边的人，希望每个工程师和设计师都像他一样，把自己当成艺术家，把每一件苹果产品都做成艺术品。

在研发麦金塔电脑时，由于受到乔布斯强烈意愿的影响，麦金塔团队的成员都充满激情地想要制造出一台完美的艺术品。

“乔布斯认为自己是艺术家，他鼓励设计团队的人把自己也当成艺术家，”麦金塔研发团队的一名成员说，“我们的目标从来都不是打败竞争对手，或者是狠赚一笔，而是做出最好的产品，甚至比最好的还要好一点儿。”乔布斯还带着团队去曼哈顿的大都会博物馆参观蒂芙尼的玻璃品展览，因为他觉得，大家可以从蒂芙尼创造出可以量产的伟大艺术品这个例子中受到启发。“我们谈论道，这些玻璃制品并不都是路易斯·蒂芙尼亲手制作的，但他成功地将自己的设计传授给了别人，”另一位麦金塔团队成员说，“我们对自己说，‘既然我们要制造产品，何不也把它做得漂亮点儿呢？’”

麦金塔的最终设计方案敲定后，乔布斯把麦金塔团队的成员都召集到一起，举行了一个仪式。他说：“真正的艺术家会在作品上签上名字。”于是他拿出一张绘图纸和一支笔，让所有人都签上了自己的名字。这些签名被刻在了每一台麦金塔电脑的内部。除了维修电脑的人，没有人会看到这些名字，但团队里的每个成员都知道那里面有自己的名字。乔布斯一个一个叫出大家的名字，让他们签名。伯勒尔·史密斯是第一个。乔布斯等到了最后，其他45个人都签过名后，他在图纸的正中间找到了一个位置，用小写字母潇洒地签下了自己的名字。然后，他以香槟向大家祝酒。“在这样的时刻，他让我们觉得自己的成果就是艺术品。”麦金塔团队成员说。

作者手记

艺术并不只是那些艺术家的专利，也并不是理工科的学生就一定脑筋死板，只会跟枯燥的数字打交道，好像跟艺术丝毫不搭边。世界上所有的技术和学术都是一样的，只要钻研到了一定境界，就能够升华为艺术。

第十一章

为这个世界带来点有意义的事情

智慧源于思考

“我回到美国之后感受到的文化冲击，比我去印度时感受到的还要强烈。”

智慧源于思考，思考孕育力量。

当我们拉开历史的帷幕就会发现，古今中外凡是有重大成就的人，在其攀登科学高峰的征途中，都是善于思考而且是独立思考的。

据说爱因斯坦狭义相对论的建立，经过了“10年的沉思”。他说：“学习知识要善于思考、思考、再思考，我就是靠这个学习方法成为科学家的。”达尔文说：“我耐心地回想或思考任何悬而未决的问题，甚至连费数年亦在所不惜。”牛顿说：“思索，继续不断地思索，以待天曙，渐渐地见得光明，如果说我对世界有些微贡献的话，那不是由于别的，却只是由于我的辛勤耐久的思索所致。”他甚至这样评价思考：“我的成功就当归功于精心的思索。”著名昆虫学家柳比歇夫说：“没有时间思索的科学家（不是短时间，而是一年、两年、三年），那是一个毫无指望的科学家；他如果不能改变自己的日常生活制度，挤出足够的时间去思考，那他最好放弃科学。”

从这些名家名言中我们不难得出这样一条道理：独立思考是一个人成功的最重要、最基本的心理品质。所以，养成独立思考的品质是我们必备的条件。一位教授强调："要提高你的创造能力，一定要培养自己的独立思考、刻苦钻研的良好品质，千万不要人云亦云，读死书，死读书。"

乔布斯对西方哲学、东方精神、印度教、佛教禅宗以及探寻个人启蒙都有浓厚的兴趣，这不是心血来潮，而是贯穿于他的一生。他年轻时曾去印度待了7个月，回到美国之后就养成了冥想的习惯，每当产品设计陷入困境的时候，他就会在办公室的静室里冥想。他在苹果公司体现出的各种天才，包括慧眼独具的战略决策思考、艺术唯美的产品设计，多少都有一些他此前参禅悟道的影子。除此之外，他还是个素食主义者。乔布斯曾这样描述斋戒和节食："几天以后，你就会感觉棒极了，一周之后，你简直会感到神妙无比，因为不必把体力花在消化食物上，所以你会感到活力无穷。当时我的体能可以说是处在最佳状况，随时都可以爬起来，走路到旧金山。"

从印度回到美国的乔布斯，多年以后，坐在自家的花园中，回忆印度之行以及禅修对他的影响："我回到美国之后感受到的文化冲击，比我去印度时感受到的还要强烈。印度乡间的人与我们不同，我们运用思维，而他们更信赖直觉，他们的直觉比世界上其他地方的人要发达得多。直觉是非常强大的，在我看来比思维更加强大。直觉对我的工作有很大的影响。"

"西方的理性思维并不是人类先天就具有的，而是通过学习获得的，它是西方文明的一项伟大成就。而在印度的村子里，人们从未学习过理性思维。他们学习的是其他东西，在某些方面与理性思维同样有价值，那就是直观和经验智慧的力量。”

“在印度的村庄待了7个月后再回到美国，我看到了西方世界的疯狂以及理性思维的局限。如果你坐下来静静观察，你会发现自己的心灵有多焦躁。如果你想平静下来，那情况只会更糟，但是时间久了之后总会平静下来，心里就会有空间让你聆听更加微妙的东西——这时候你的直觉就开始发展，你看事情会更加透彻，也更能感受现实的环境。你的心灵逐渐平静下来，你的视野会极大地延伸。你能看到之前看不到的东西。这是一种修行，你必须不断练习。”

“禅对我的生活一直有很深的影响。我曾经想过要去日本，到永平寺修行，但我的精神导师要我留在这儿。他说那里有的东西这里都有，他说得没错。我从禅中学到的真理就是，如果你愿意跋山涉水去见一个导师的话，往往你的身边就会出现一位。”

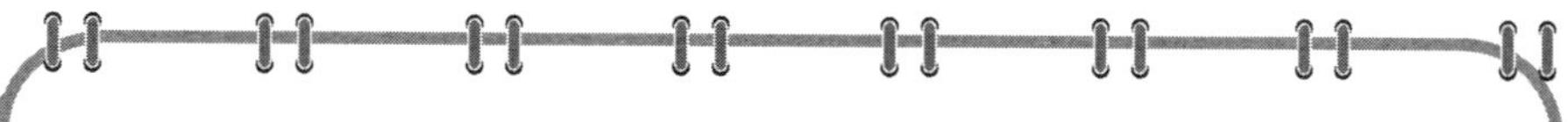

作者手记

在成功者身上，思考永不停步，所有的成功均来自平凡日子里点点滴滴的积累。成功只属于有心人。

我们不能每天沉迷于梦想，但是也不可无梦想。我们希望能够一夜暴富，但是我们也不会傻到坐等这一刻的降临。只有踏踏实实地付出过，在获得的时候，我们才会心安理得；即使机会一辈子也不到来，我们也不会因此遗憾。勤思考，多观察，常用心，你会发现，生活中处处都潜藏着良机。

带着责任感生活

“当我重返苹果公司时，情况远比我想象的糟糕。苹果的员工被认为是一群失败者，他们几乎将放弃所有的努力。在最初的6个月里，我也经常想到认输。在我的一生中，从来没有如此疲倦过，我晚上10点钟回到家里，径直上床一觉睡到第二天早晨6点，然后起床、冲澡、上班。”

责任是一个人成长的动力。美国总统林肯曾这样说过：“我——对全美国人，对基督世界，对历史，而且，最后，对上帝负责。”林肯成就了自己的伟大人生，得到了世人的敬仰，应该说这与他的责任感不无关系。人活在世上，难免要承担各种责任，对于家庭、亲戚、朋友、国家、社会的责任。这些责任既是我们的义务，同时也是我们成长的重要动力。

在回归苹果两年多后，乔布斯终于带领苹果计算机公司走出了困境。乔布斯再次成为人们眼中的英雄，因为他完成了一个几乎不可能完成的任务——拯救了濒临破产的苹果。令人们好奇的是：乔布斯为什么能够拯救苹果？

对于这个问题的答案，责任感应该排在第一位。“我爱苹果”，无论是嘴上还是心里，这是乔布斯最真实的声音。他对苹果的热爱绝对不是对苹果首席执行官这个位置的钟情，只是因为这个位置能让他为苹果做点什么。在拯救苹果的过程中，责任感在乔布斯身上体现得尤为明显。

爱默生说过一句话：“责任感具有至高无上的价值，它是一种伟大的品格，在所有价值中它处于最高的位置。”比尔·盖茨曾对他的员工说：“人可以不伟大，但不可以没有责任感。”责任感是一个人品格和能力的承载，也是一个人走向成功所必备的素养。

“当我重返苹果公司时，情况远比我想象的糟糕。苹果的员工被认为是一群失败者，他们几乎将放弃所有的努力。在最初的6个月里，我也经常想到认输。在我的一生中，从来没有如此疲倦过，我晚上十点钟回到家里，径直上床一觉睡到第二天早晨六点，然后起床、冲澡、上班。”这是乔布斯刚回到苹果时的情况，一切都很糟糕，几乎所有的人都在看乔布斯如何惨败收场。但是乔布斯没有退缩，苹果就像他的孩子一样，他要对自己的孩子负责。他下决心要拼尽全力来挽救苹果，无论在别人眼里苹果是如何的不可救药。最终，他做到了。

乔布斯为苹果付出的一切，远远超过了一个首席执行官的职责范围。在带领苹果计算机公司走出泥沼后，苹果计算机公司董事会许可乔布斯购买苹果公司1000万股普通股的股票期权，同时还赠送给他一架飞机作为奖励。这是乔布斯应得的。在乔布斯重掌苹果的这几年里，苹果计算机公司的市值从不到20亿美元一路飚升到了160多亿美元，而为此呕心沥血的乔布斯却一直领取着1美元的象征性薪水。

乔布斯之前的几个苹果首席执行官也都是非常有能力的人，甚至在其他领域比乔布斯还要出色，可是他们却没能拯救苹果，因为他们缺少的正是那种责任感。在苹果公司遇到难关的时候，他们还在夏威夷度假，更不会像乔布斯那样每天工作16个小时。

乔布斯在被苹果公司扫地出门前，是一个非常任性的管理者，经常在公司里窜来窜去，把公司搞得鸡飞狗跳。但在外漂泊了12年后，再加上有了要拯救苹果的责任感，乔布斯在重返苹果后迅速走向成熟，成了一名合格的经理人。这就是责任感的作用，它可以让一个人变得更加成熟。当一个人的责任心在心底萌发时，就是他走向成熟的开始。而在走向成熟的过程中，责任感还能指引人们做出一些伟大的事情。

“带着责任感去生活，尝试着为这个世界带来点有意义的事情，为更加高尚的事情作点贡献。这样你会发现生活更加有意义，生命不再枯燥。”这是乔布斯对自己的忠告。

乔布斯认为在科技行业，让产品成为流行的向导是他能做的更高尚的事情。

2000年1月，乔布斯宣布正式成为苹果电脑公司的总裁，取消头衔前面的“代理”。乔布斯自称“i总裁”，i代表了Internet，他要使苹果公司成为互联网中的佼佼者。

这位“i”总裁打造“i”字开头的产品，带动了时代的潮流。

在MP3市场，iPod成了年轻人梦寐以求的礼物。苹果公司的前任高级营销管理人员史蒂芬曾透露，苹果iPod附带的那些小小的白色耳机之所以采用白色绝非偶然。他在其电子书《苹果市场》中写道：“这些白色的iPod耳机不是由工程师设计的——这纯粹是苹果的营销伎俩。因为人们在用iPod听音乐时，唯一能看得见的部分就是那个白色耳机，这就使得戴白色耳机成为一种新潮时髦的象征。只有戴白色耳机，你才是真正的酷派一族。”

在iTunes 商店里有够你听两辈子的音乐，但前提是你必须将自己的信用卡挂在上面，为音乐的下载支付金额。为什么要用移动磁盘和SD卡传文件？乔布斯认为，文件应该全部存在云端，如果购买一年仅99美元的

MobileMe 服务，其中的 iDisk 够你存几万张照片，并且让你随时随地可以访问。至于iPhone的可更换电池，反正等到你电池寿终正寝的时候，下一代 iPhone 也就上市并等待你的购买。用户也甘愿追逐在乔布斯掌控的苹果帝国中。

在手机市场上，iPhone几乎成了2007年手机市场的一个奇迹。2007年6月29日凌晨，作为苹果的众多粉丝之一，费城市长斯特里特在苹果一家旗舰店门口排了15个小时的队购买了一台 iPhone。也是在这一天，全球的苹果粉丝为iPhone手机而疯狂。事实上，iPhone并没有大张旗鼓地做广告，但是所有的媒体都在报道iPhone。

如果不是伟大的产品，iPhone根本不可能一发布就能吸引消费者狂热的追捧。在众人眼中，iPhone是“革命性的移动电话”，已经“完全改变电信行业”。它不仅集结了ipod、手机和互联网通讯设备等功能，还是智能手机简单操作的一次“飞跃”。

在国外，麦金塔电脑的狂热分子被称作“麦客”；在中国，苹果的忠实拥护者则自称为“果粉”。在“苹果粉丝”眼里，苹果产品成为带有某种文化含义的艺术品，无论是iPod、iPhone还是iMac，都已经超越了数字产品本身，成为他们所信奉的图腾。用苹果的iPod听音乐、用苹果的iPhone打电话是人们向往的“苹果”时尚数码生活。粉丝们都以拥有这些产品作为自己苹果文化身份的象征。但是，苹果公司却并没有因此而扩大营销，拓宽生产线以独享市场。

有人说：“乔布斯改变了我们的生活，改变了我们看待世界的方法。”因为他带给人们的不仅仅是好的产品，更多的是对产品理念的追求。有了对产品的责任和追求，就有了做事情的动力。乔布斯正是在这种强烈的使命感下打造出一件件完美的苹果产品。

作者手记

美国总统肯尼迪在就职演说中说："不要问美国给了你们什么，要问你们为美国做了什么？"这句关于责任的经典话语激励了无数美国青年。同样，也能够为我们的小男子汉们成长带来很重要的启示。作为新世纪主人的青少年们，应当主动去为祖国、为社会、为家人负起自己的责任，这样才能够在承担责任中不断地成长，走向成熟，走向伟大。

感恩的心

"我绝不希望让他们感觉我不把他们当成父母，因为他们彻头彻尾就是我的父母，我是那么爱他们，因此我不想让他们知道我在寻找生母，甚至当有记者发现真相时我也会让那些人守口如瓶。"

感恩节一年只有一天，但一年有365天，是不是一年只在那一天感恩呢？其实，并不是这样。感恩与否，是一个人的人生态度。如果你学着每天都在感恩，以感恩的态度面对每一件事，连不如意的事也会变得没什么了。风来了，我们感恩，因为它吹走了落叶；雨下了，我们感恩，因为它滋养了土地。

有首名为《感恩的心》的歌，唱得非常好。“感恩的心，感谢有你，伴我一生，让我有勇气做我自己。感恩的心，感谢命运，花开花落我一样珍惜。”

席慕蓉曾写下这样一段感性的文字：“想一想要多少年的时光才能装满这一片波涛起伏的海洋？要多少年的时光才能把山石冲蚀成细柔的沙粒，并且均匀地铺在我们的脚下？要多少年的时光才能酝酿出这样一个清凉美丽的夜晚？要多少多少年的时光啊！这个世界才能等候我们的来临？”

托·福勒说过，美好的生命应当充满期待、惊喜和感激。在这个世界上，你所感恩的事情越多，你得到的幸福和快乐就会越多。感恩是一种积极的人生态度，如果你学着每天都在感恩，并以感恩的态度对待每一件事，特别是当你的生活遇到磨难和挫折的时候，都能够把它们当成生命中的一份礼物，那么你的生活就会增添很多欢乐，减少很多不必要的烦恼。

乔布斯平时是个性格很暴躁的人，总是会伤害身边的人。但是对于他的养父母，他一直都满怀感恩之心，对于遗弃他的亲生父母，他也没有心生怨恨。

保罗·乔布斯和克拉拉是乔布斯的养父母，但乔布斯一直很不喜欢别人用“养父母”这个词。在乔布斯的心目中，保罗和克拉拉就是他真正的父母，所以他一直很犹豫要不要让他们知道他在寻找自己的生母，乔布斯担心他们会不高兴。这种敏感对乔布斯来说非常罕见，他说话做事从来不在乎别人的感受。直到1986年年初克拉拉去世，乔布斯才与生母乔安妮取得联系。乔布斯后来回忆说：“我绝不希望让他们感觉我不把他们当成父母，因为他们彻头彻尾就是我的父母，我是那么爱他们，因此我不想让他们知道我在寻找生母，甚至当有记者发现真相时我也会让那些人守口如瓶。”克拉拉去世后，他决定告诉父亲保罗。保罗对此表示完全可以理解，并说不介意史蒂夫跟他的生母取得联系。

与比尔·盖茨等其他一些富豪不同，乔布斯一生不做慈善，他最大的一次个人赠与是送给自己的父母保罗和克拉拉，他送出了价值约75万美元的股票。老两口出售了其中一部分，用以偿还洛斯阿尔托斯的房子的抵押贷款，乔布斯为此也特意回到家中庆祝。乔布斯后来回忆说：“这是他们人生中第一次没有背负贷款，他们请来了少数几个朋友，到家中开派对，那场面太温馨了。但他们并没有考虑换一套好点儿的房子，他们对那个没有兴趣，他们对现在的生活很满意。”保罗和克拉拉唯一的奢侈举动就是每年都乘坐公主号游轮度假一次。“穿越巴拿马运河的那条航线是我爸爸的最爱，因为那会让他想起自己在海岸警卫队的时候，他们的船穿越巴拿马运河驶往旧金山退役的情景。”乔布斯说。

乔布斯对养父母非常细心、温柔，充满了感恩。这其实也是所有成功的人一个共有的品质，没有感恩之心的人，终将被这个社会遗弃，更不可能获得社会的认可。

我们要记住：只要因心中有爱，才能感恩这个世界，回报一片赤诚之心。白天给了我们阳光，我们要抛开烦恼，尽情微笑，不然就辜负了这温暖和明朗。夜晚给了我们月光，我们应该在宁静而幽远的月光中静静沉思，我是否给他人带来了幸福？在清冷的月光中，心灵的尘埃会被月亮之手拂去，混浊的眼睛会被月光之水洗得明亮。自然是如此的美妙而多情，我们面对这片自然之美，只有全身心投入到它的怀抱，真诚地赞美它、爱护它。

父母赐予我们生命，以深沉如大海的父爱、温暖如阳光的母爱哺育我们，我们在无言的感动中知道了“血浓于水”。朋友给了我们友谊，他们用信任抚平我们的伤痛，用理解融化我们的心灵之冰，用真诚为我们带来一方明亮的天空，我们在友情的香气中知道了世上有一株永不凋零的花。

社会赋予我们成长与智慧，用风雨去磨炼我们的翅膀，让我们傲然于天地间。回报社会是每个人的天职，用青春、智慧、热血甚至生命。只有真诚回报社会，才能让人焕发出灿烂夺目的光彩。关外牧羊的苏武，出塞和亲的王昭君，“中原北望气如山”的陆游，“踏破贺兰山阙”的岳飞，还有“我以我血荐轩辕”的鲁迅……他们多是苦难中的回报者，也是痛苦淋漓的回报者。他们名垂青史缘于一种山河梦、家国情，缘于一种义不容辞的豪迈，一种令人神往的激情，一种感恩的情怀。

作者手记

在这个世界上，你所感恩的事情会越多，你所认为理所当然的事情会越少。感谢所有曾经帮助过你的人，感谢你身边所有的人。感激伤害你的人，因为他磨炼了你的心态；感激欺骗你的人，因为他增进了你的见识；感激鞭打你的人，因为他消除了你的惰性；感激遗弃你的人，因为他促使你要自立。

拥有感恩之心的人，即使仰望夜空，也会有一种感动。正如康德所说："在晴朗之夜，仰望天空，就会获得一种快乐，这种快乐只有高尚的心灵才能体会出来。"

感恩是爱的根源，也是快乐的源泉。如果我们对生活中所拥有的一切心存感激，便能体会到人生的快乐、人间的温暖以及人生的价值。

第十二章

解放你的思维

敢想，才能敢做

“我把剩下的元件都集中起来，比如说盒子、电源和数字键盘，然后想出了定价方式。”

美国著名作家马克·吐温说：“想出新办法的人，在他的办法没有想出以前，人们总说他是异想天开。”爱迪生说：“任何问题都有解决的办法，无法可想的事是没有的。”当我们认为一个问题不可能解决时，真正的问题是我们自己本身，正是我们的经验和习惯性思维才让我们无法想出高明的解决之道。绝妙的思维是存在的，但它们只存在于惯性思维之外。因此，要想找到解决问题的好办法，我们就必须破除陈规的束缚。

1971年10月，当时只有16岁的乔布斯在杂志上看到一个关于“蓝匣子”的新闻报道，一下引起了他的兴趣。“蓝匣子”是一种可以盗取电话线路的设备，可以让人免费打电话。

乔布斯很兴奋，立即跃跃欲试，他把这个消息拿给沃兹尼亚克看。沃兹尼亚克看过后，很自信地说：“我们也可以做出来，而且能做得比原来的更好。”于是，两人便开始投入到蓝匣子的设计中。他们经过了多次失败，但每次失败之后，他们都会融入更多的创新理念，并且依旧坚信能够成功。最后他们终于完成了自己的蓝匣子。

起初蓝匣子只是乔布斯和沃兹尼亚克用来找乐子或者搞恶作剧的。最著名的一次，他们直接将电话打到梵蒂冈，沃兹尼亚克假装是基辛格，想要跟教皇通话。“我正在莫斯科参加峰会，我需要跟教皇通话。”但是他被告知当地时间是早上五点半，教皇还在睡觉。当他再次打过去的时候，接电话的是一名充当翻译的主教。但对方并没有真的让教皇接电话。“他们意识到沃兹是冒牌的，”乔布斯回忆说，“我们当时在一个公用电话亭。”

也就是在那时候，发生了一件具有里程碑意义的事件，也确立了今后他们合作关系的模式：乔布斯认为蓝匣子不该再停留在业余爱好阶段了，他们可以制作然后销售。“我把剩下的元件都集中起来，比如说盒子、电源和数字键盘，然后想出了定价方式。”乔布斯说。这也预示了他日后在创立苹果公司过程中将扮演的角色。制作蓝匣子需要的所有零部件价值40美元，乔布斯决定以150美元的价格出售。

“如果不是因为蓝匣子，就不会有苹果公司，”乔布斯后来回忆说，“这一点我百分百确定。沃兹和我学会了怎样合作，我们也获得了信心，相信自己可以解决技术问题并且真的把一些发明投入生产。”一个很大胆的想法，催生了一个两副扑克牌大小、只用一块小电路板的装置，竟可以控制价值数十亿美元的基础设施。“你无法想象那给了我们多少信心。”乔布斯说。

乔布斯的想法不可谓不疯狂，在我们正常人看来甚至是大逆不道的。

但就是靠着这种无拘无束的思维，靠着这种敢想敢做的劲头，乔布斯获得了巨大的成功。

在苹果公司，乔布斯被同事戏谑为“扭曲大师”。为了一个小的问题，哪怕是对于不懂的一些技术上的信息，乔布斯都要不断地思考，找到解决方案，打上“乔氏烙印”是乔布斯的一贯工作作风。如果乔布斯要与同事谈话，或者是他主动开口问问题，他一定会问问题的解决方案。只要有人发表意见，乔布斯就会对意见进行判断。如果这些意见不能替他解决问题，他就不会再去和人讨论，而是马上离开。对于乔布斯认可的人才，如果这个人提不出好的方案，他会质疑这个人为什么提不出有价值的方案。

苹果员工有人这么评论他：“我们都知道关于史蒂夫的一个笑话。如果你想要他同意你提出的一个新想法，那么你就把这个想法告诉他，他当时肯定不会同意。几个星期以后，他会急匆匆地赶过来找你，告诉你他有一个极好的想法，并要把这个好想法告诉你，其实这个想法是你几个星期前提供给他的。”可以说，由着自己的喜好，不按常理出牌，是乔布斯的拿手好戏。他曾经就有一句至理名言：如果你不能领先，就要敢想。

但我们不得不承认，正是由于乔布斯的“扭曲事实”，才为自己的苹果闯出了一条路。有时候，敢想很容易，但是建立一套属于自己和团队的规则，很难。乔布斯却做到了这一点。

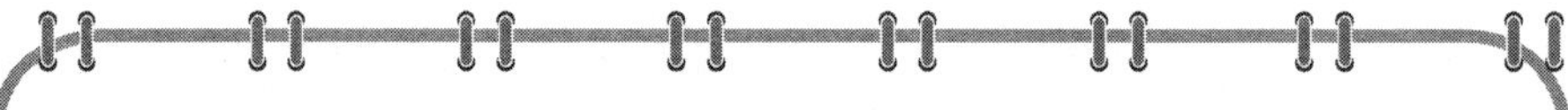

作者手记

正如哈瑞·法斯狄克所说："这世界现在进步得太快了，如果有人说某件事不可能做到，他的话通常很快就会被推翻，因为很可能另一个人已经做到了。在信心和勇气之下，只要我们认为可以做到，就可以以科学的方法推翻'不可能'的神话，我们就可能做成任何我们想做的事情。"

在这个Nothing is impossible的年代，每个人都应该解放自己的思维，固执和死板只会将你带向平庸。

释放你的个性，离经叛道也无所谓

"他是一个真正的天才，超出了我的想象。"

当今社会不需要生搬硬套、按部就班的人才，也不需要学习的奴隶，需要的是有自信、有理想、有创新、有个性的高素质人才。

个性是一个人创新精神的基础，一个有个性的人经常能"见人所未曾见"、"道人所未曾道"。个性化有助于一个人在学习和工作中不断地推陈出新。

我们应该具有自己的个性，即使离经叛道也无所谓。不离经叛道，跟大多数人都一样，又怎么能叫"个性"呢。

不管是年轻时做的事情，还是取得成就后的所作所为，乔布斯都是离经叛道者中的典型代表人物，这几乎是没有任何争议的。人以类聚，物以群分。乔布斯自己是这种人，他的身边自然也会聚集一群离经叛道的天才型人物，约翰·拉塞特就是其中之一。

乔布斯人生中的大转机就是皮克斯，而皮克斯的灵魂人物就是约翰·拉塞特。在拉塞特之前，计算机技术和动画根本就是完全不相干的两个行业。乔布斯不止一次称拉塞特为“真正的天才”。然而，就像大多数离经叛道者一样，拉塞特的成长之路也是充满了曲折，一度不被认可。若不是后来得到“同类”乔布斯的赏识，这位影响动画电影史的天才可能就被埋没了。

从孩提时代起，拉塞特就对动画制作非常痴迷。那时候的迪斯尼是每个孩子的梦想。1975年，拉塞特成为了迪斯尼投资成立的美国加州艺术学院的第一批学员，开始接受迪斯尼的经典动画片制作教育。在这段求学时期，拉塞特全面地感受了迪斯尼文化，甚至还考取了迪斯尼公园游艇的操作证书。后来，拉塞特曾这样评价自己的这段生活：“那是我一生中少有的几次，感到自己在正确的时间、正确的地点、做着正确的事。”

拉塞特在加州艺术学院学习了4年，其间他制作了两部动画电影，分别为《小姐和灯》和《噩梦》，这两部动画电影都为他赢得了学生奥斯卡奖。拉塞特的人生看起来一帆风顺，做着自己热爱的动画，接受了4年迪斯尼的文化熏陶，然后就应该顺理成章地成为迪斯尼动画王国一位出色的艺术家。然而，由于拉塞特对于技术的狂热和对梦想死不悔改的执著，使得他没让自己的人生按照剧本上写的那样发展。

1982年，拉塞特从迪士尼当时正在制作的电影《Tron》中发现了计算机新技术的巨大潜能。他意识到电脑可以生成三维的背景，让二维的人物穿梭其中，于是想把这一创意加入《Tron》，但遭到部门主管的断然拒绝。“为什么不能用电脑技术制作动画背景，然后再加上传统手绘的卡通人物形象呢？”这个念头在拉塞特的脑中产生后就再也抹不掉了，他越过部门主管，获得一位年轻高层的首肯，利用新技术制作了一个30秒的短片。

每一个具有划时代意义的新事物的产生，总会有一些顽固的守旧派站出来阻挠，拉塞特的雄心也在迪斯尼内部引发了恐惧与怀疑，许多传统的动画艺术家担心电脑的使用会压缩自己的生存空间，甚至有一天被电脑取代。迪斯尼的元老之一弗兰克·托马斯甚至向拉塞特提出警告：“你如果非要用电脑而不是铅笔制作出新的人物形象，你就走得太远了！”但拉塞特完全沉浸在了发现“新大陆”的喜悦之中，他不顾各种反对意见，迫不及待地向部门主管展示这一成果，结果发现对方根本不感兴趣。更为糟糕的是，这位部门主管在离开5分钟后就打来电话：“你被迪士尼公司解雇了。”

多年以后，迪斯尼的制片人东·汉安回忆道：“很显然，迪斯尼当时不知道应该如何安排这个年轻人，他太不同寻常了。拉塞特是天生的导演、天生的领导者，他的激情与雄心早已超越了迪斯尼那个时候所能给予他的空间。”

1984年，拉塞特在参加一个计算机制图大会时，结识了主讲人艾德·卡特穆尔。艾德·卡特穆尔力邀拉塞特加入乔治·卢卡斯为拍摄《星球大战》系列所创立的电影动画部门，该部门当时正致力于融合最新兴的电脑图像技术与传统的动画艺术。

“当我第一次进入卢卡斯的电影部门时，我被吓到了，在我身边围绕着一大群各个专业的天才。”拉塞特后来回忆说。他的激情和雄心在那里再次被唤醒，全身心地投入到三维动画的制作之中。

后来乔布斯出现了，他以1000万美元的价格从卢卡斯手中买下了当时并不能产生利润的动画部门。随即在1986年，拉塞特、卡特穆尔和乔布斯创立了皮克斯，并选用了那个经典的台灯形象作为公司的图腾。

1987年，拉塞特凭借一己之力，制作出了第一部三维动画短片《顽皮跳跳灯》。如今，这个经典的台灯形象已经被视为皮克斯“乐观与决心”精神的永恒象征。在制作动画短片《锡铁小兵》时，由于经费紧张，拉塞特只能和同事共用一台电脑。拉塞特上夜班，所有工作都在晚上十点到凌晨五六点钟进行，他甚至连续几周用床垫在电脑桌底下打地铺。

1991年，皮克斯与迪斯尼合作，但这并不是一次平等的合作。在动画片领域君临天下的迪斯尼对“小弟弟”皮克斯的创作能力充满质疑，一大堆来自迪斯尼的意见砸向皮克斯。“Make It Edge”（Edge是迪斯尼动画片的常规套路，意指含有迎合成年人心态的人物形象与故事情节）就是其中最重要的一条。

迪斯尼略显陈旧的票房秘方显然已经无法和新技术下的人物形象契合，迪斯尼的落后思维也与拉塞特的“离经叛道”南辕北辙，更加之《玩具总动员》也被迪斯尼否定。这让拉塞特和乔布斯这两个离经叛道者很受伤，因为拉塞特想借助这次机会实现自己动画电影的梦想，而乔布斯是想借助迪斯尼的力量打个翻身仗。经历过多次失败的乔布斯很快打起精神，他鼓励拉塞特说：“伙计，这只是暂停，当我们解决了问题时，一切又会恢复的。我相信你的才华，我们有最好的技术，只是遇到了一个小插曲，赶紧行动起来吧，不要坐等机会溜走。”

那之后，机会再也没有溜走。从《玩具总动员》开始，皮克斯的每一部动画电影都取得了惊人的成功。拉塞特这个曾被迪斯尼认为“离经叛道”的人，最终与另一个离经叛道者一起完成了自己的梦想。

作者手记

乔布斯相信自己能“改变世界”，拉塞特要“创造历史”，听起来都是多么惊世骇俗。但最后事实证明，能成就一番伟业的，往往都是离经叛道者。

这是一个张扬个性的时代，每个人都要喊出自己的声音，活出自己的新鲜色彩。一个不会创新、没有个性的人，往往缺乏创造力和意志力。但是，在现代社会中也有很多张扬个性的人，他们有的以穿奇装异服为个性，有的以出口成“脏”为个性，甚至还有人以打架斗殴为个性……在这里，有必要澄清个性的真正含义。其实，张扬个性并不是穿时尚的衣服，拥有最时尚的物品，这些都是外在的表现。真正张扬个性是要做真正的自己，真正的个性中必须包含了一种建设性的东西，有利于自身的发展和进步的新东西。

大胆去“偷”

“这个想法一点也不好，为什么不能去看看别人是怎么想的？”

牛顿说：“如果说我比别人看得更远些，那是因为我站在了巨人的肩上。”

毕加索曾经说：“优秀的艺术家复制别人的作品，更优秀的艺术家则偷窃别人的作品。”

从某种程度上来讲，“偷窃”也是一种学习。相信没有人会去“偷窃”不好的东西，他们所偷窃的都是最前沿、最科学、最有意义的模式。

乔布斯也曾经说：“我从不以偷窃别人的伟大作品为耻。”这里的偷窃，绝不是街头瘪三行为，究其实质，实际上是一种拿来主义。

以iPod为例，其造型选择烟盒大小，不是更大，也不是更小。硬盘是东芝生产的1.8英寸的硬盘，其滑轮选曲界面来自惠普早期的一款设备。

实际上，不光是iPod采用拿来主义，在乔布斯的其他产品创作中，可以随处可见。

1979年，为了研发新型电脑，乔布斯决定到施乐公司研究中心参观。因为当时施乐为防止打印机、复印机等核心业务受到冲击，并没有将精力投放在对计算机新技术Alto的关注上。

而乔布斯却是“识货”的人。他知道这项技术若继续开发，肯定会有前景。参观回来后，乔布斯就将从施乐公司看到的Alto新技术用到了苹果的系列个人计算机中。

再比如个人计算机上的USB接口技术，这项技术是英特尔公司发明的。但是苹果公司首先把它应用到了个人计算机上，并使这一技术被广泛推广。

再比如，WiFi无线网络也不是苹果发明的，而是美国朗讯公司开发的，但它却像当初施乐公司的Alto一样并没有引起过多关注，直到后来，苹果公司将这一技术用在笔记本电脑中，才使它广为人知。

“偷窃”不是单纯的模仿，你必须理解伟大思想或作品的真正内涵，并把它转化为自己的思想。

乔纳森·艾弗是乔布斯重回苹果后找到的最佳拍档，苹果的东山再起，艾弗功不可没，乔布斯也认为艾弗是他身边最不可替代的人。但是世人把乔布斯当成拯救苹果的大英雄，知道艾弗的却很少。

艾弗也具有艺术家的敏感，有时也会因为乔布斯抢了他太多风头而烦恼，尤其是乔布斯已经习以为常的“海盗”作风，有时候让艾弗和其他同事很受伤。艾弗说：“他在得知我的一些想法之后说，‘不好，这个想法不怎么好，我更喜欢另一个。’然后我坐在听众席上听他阐述刚才我提出来的想法，说得就像他自己想出来的一样。我格外注重一个点子的出处，甚至会用笔记本记下它们。所以，当他把设计的功劳归于自己的时候，我觉得很受伤害。”当大家都盲目地认为苹果公司所有的创意来源都是乔布斯时，艾弗也会感到很气愤。“这让公司显得很脆弱。”艾弗说。不过艾弗也只是发发牢骚，对于乔布斯对苹果公司的重要意义他很了解，他说：“在其他很多公司里，创意和杰出的设计常常会淹没在流程中，如果不是史蒂夫在这里催促着我们，和我们一起工作，并且排除万难把我们的想法变成产品，我和我的团队想出来的点子肯定早就灰飞烟灭了。”

艾弗真不愧为乔布斯的最佳搭档，对自己和乔布斯的定位都非常准确。不过这应该也算是另外一种冲破风浪、不被世俗所限的思想，因为他能理解一位总是抢他东西的“海盗”，还能跟这位“海盗”做朋友。

作者手记

“模仿”也可以衍生出创新，在既有的基础上进行创新。

当然，从别人那里学习知识，借鉴别人的经验也是有讲究的，这里提供几点建议：

首先，要把握重点。即充分考虑自己的才能和爱好去加以选择。自己的才能结构如何？优势是什么？不足的地方又是什么？要做到心中有数。注意力不行的，就要学习人家如何集中注意力的技术；自制力不行的，就要向人家学习驾驭情感、控制行为的诀窍；记忆力不行的，就要学习人家培养记忆力的方法。

其次，要注重理解。既要“知其当然”，还要“知其所以然”。阿基米德为什么能发现皇冠的秘密？曹冲称象的方法又是根据什么？都要从理论上把它搞清楚。吸取不是机械地吸取，要在理解的基础上吸取，如果囫囵吞枣，就会“消化不良”。

最后，要懂得创造性地运用。吸取的目的是为了更好地创造，因此，吸取之后我们要会运用。医学上的叩诊，是一百多年前奥地利医生奥恩布鲁格发明的。他父亲是个酒商，只需用手一敲酒桶，就能知道桶内有多少酒。由此，奥恩布鲁格联想到人的胸腔和酒桶相似，如用手敲胸腔，不也能诊断出里面的毛病吗？经过他反复实验，叩诊的方法诞生了。这位医生用的就是迁移原理。